RUCHE FRANÇAISE.

RUCHE FRANÇAISE,

ET

ÉDUCATION DES ABEILLES,

NOUVEAU PROCÉDÉ

QUI RÉUNIT LES AVANTAGES DE TOUS CEUX PUBLIÉS JUSQU'A CE JOUR.

AVEC FIGURES.

DEUXIÈME ÉDITION AUGMENTÉE, PAR L'AUTEUR,

DE PLUSIEURS PARAGRAPHES, FIGURES,

ET AUTRES ADDITIONS IMPORTANTES,

ET D'UN APPENDICE SUR LA LÉGISLATION CONCERNANT LES ABEILLES.

PAR J. VAREMBEY.

A DIJON,

CHEZ DOUILLIER, IMPRIMEUR-LIBRAIRE, ÉDITEUR.

1843.

RUCHE FRANÇAISE,

ÉDUCATION DES ABEILLES.

INTRODUCTION.

Nous avons des livres de toute sorte sur les abeilles. De savants naturalistes n'ont pas dédaigné d'en faire l'objet de leurs observations, et d'étudier les lois et les habitudes qui règnent dans la société monarchique de cet insecte précieux. Nous avons de grandes obligations aux *Swamerdam*, aux *Réaumur*, aux *Schirach* et aux *Hubert* : ils ont fait, sur l'histoire naturelle des abeilles, des découvertes qui jettent un grand jour sur la manière de les élever, et qui devraient depuis long-temps nous avoir procuré un Traité pratique qui remplit l'attente de tous les cultivateurs d'abeilles. Des ouvrages en très-grand nombre ont été publiés ; des ruches de toutes les formes, de toutes les matières, ont été conseillées : chaque auteur a préconisé la sienne comme la meilleure, et cependant la pratique a fait à peine un pas vers le mieux. Si quelques-unes de ces méthodes parent à quelques inconvénients, elles en laissent subsister un grand nombre ; et toutes sont loin d'atteindre à ce degré de perfection qu'elles semblent promettre.

Les amateurs les plus zélés, rebutés de tant d'inutiles essais dont les livres leur promettaient de si brillants résultats, n'ont point trouvé d'imitateurs parmi les gens de la campagne, qui, loin de se confier aux hasards des tentatives, ouvrent à peine une oreille défiante aux nouveautés, malgré la certitude et la constance des succès.

L'imperfection de ces diverses méthodes a amené au point de croire que l'éducation des abeilles devait être abandonnée à la seule nature, et que prétendre, par des soins, augmenter les produits, multiplier les essaims et conserver les ruches toujours jeunes et vigoureuses, c'était une chimère qui n'existait que sous la plume des auteurs. L'enthousiasme si souvent déçu des amateurs a dégénéré en découragement, et les abus qu'aucune méthode réformatrice n'a pu remplacer d'une manière satisfaisante, se sont maintenus dans la culture des abeilles.

Il est bien vrai que l'abondance du miel et la multiplication des essaims dépendent surtout du climat, du genre de culture qui y est en usage, de la plus ou moins grande fécondité des reines, du cours régulier ou irrégulier des saisons ; mais elles dépendent aussi, quoique moins directement, de la forme de la ruche et de la manière dont on y gouverne les abeilles.

En effet, si on ne peut augmenter la capacité de la ruche quand elle est remplie dans le milieu de la belle saison; si on ne peut la récolter que par l'opération de la *taille*, où le fer donne la mort à des milliers d'abeilles, où on enlève une quantité plus grande encore de couvain destiné à peupler la ruche et à produire les premiers essaims, et où l'on affame ce qui reste de la peuplade dans le moment où les vivres lui deviennent le plus nécessaires; si on ne peut nourrir les ruches indigentes; si on ne peut détruire la teigne qui les infecte; si on ne ferme point leur entrée aux souris durant les froids; si, en hiver, les rayons abrités du soleil mettent les abeilles en mouvement, ou les engagent à sortir et à chercher une mort inévitable; si, en été, la chaleur du soleil ramollit leurs édifices, et les force de suspendre leurs travaux; si on ne renouvelle point la vieille cire; si, en un mot, tous ces désastres que l'homme attire en partie sur les abeilles, et dont il pourrait les préserver, existent isolés ou accumulés contre ces précieux insectes, une partie des ruches périra régulièrement chaque année; les autres se dépeupleront d'ouvrières; les essaims deviendront rares, tardifs et par conséquent peu productifs; et le miel ne s'amassera point.

C'est dans la vue de remédier à ces nombreux inconvénients, que tant de méthodes ont déjà paru jusqu'ici, et que tant de diverses sortes de ruches ont été proposées aux cultivateurs d'abeilles.

La ruche à hausses, composée de plusieurs étages, est certainement la plus avantageuse de toutes; mais il manquait de savoir s'en servir pour jouir de tous ses avantages; et depuis *Palteau*, son inventeur, jusqu'aujourd'hui, les nombreux auteurs qui, après lui, en ont conseillé l'usage, tout en prétendant enchérir sur sa méthode, n'y ont apporté d'autre changement que de simplifier la construction de la ruche, sans remédier à ses vices. La faculté qu'elle offre de renouveler la cire est d'un prix inestimable : mais la récolte du miel, faite dans une cire noire et dégoûtante ; la section des gâteaux opérée par le fil de fer, et les désordres qui en sont la suite, faisaient payer trop cher l'unique utilité qu'on sût tirer de cette ruche, et lui ont fait préférer, par le plus grand nombre des cultivateurs, l'usage de celle à capote, dont M. *Lombard* a perfectionné la construction sous le nom de *ruche villageoise*.

Cette ruche procure du miel parfaitement beau par la dépouille de sa capote ou couvercle; mais, outre un grand nombre d'autres inconvénients, on a le désagrément de voir, au bout de quatre à cinq ans, ses abeilles menacées d'une destruction iné- vitable par la vétusté des gâteaux qui remplissent le corps de la ruche, quoique les abeilles qui l'habitent soient jeunes et vigoureuses. Pour dernière ressource alors, on est obligé de recourir au transvasement, opération longue, hasardeuse, et onéreuse lors même qu'elle est suivie de succès.

Une troisième ruche a semblé long-temps rivaliser d'avantages avec les deux autres. C'est la ruche de *Gélieu.* Inventée pour faire des essaims à volonté, la facilité de son usage lui a procuré partout des partisans : mais si le crédit est dû au succès, on peut dire qu'aucune ruche ne le mérite moins qu'elle ; et si, après l'avoir essayée, quelques personnes en continuent l'usage, ce n'est que par l'opiniâtreté d'un espoir qui ne se lasse point d'être toujours déçu.

La culture des abeilles réclamait une méthode qui réunît les avantages promis par les trois sortes de ruches dont je viens de parler, et qui ne donnât pas des espérances pour des réalités.

Je ne citerai pas comme avantage la faculté de s'emparer d'une partie des provisions que contient une ruche sans détruire les abeilles : c'est un point qu'emporte avec soi l'idée seule de se livrer à l'éducation de ces insectes ; car élever des abeilles, ce n'est pas les détruire, mais les conserver, les faire multiplier et prospérer.

Récolter un miel parfaitement pur et frais, déposé dans une cire blanche et fraîche qui n'a jamais renfermé ni couvain ni pollen, comme on le fait

1*

avec la ruche villageoise; faire des récoltes particulières de vieille cire qui renouvellent les constructions et maintiennent les ruches dans une
éternelle jeunesse; former commodément des essaims artificiels: voilà des avantages du plus grand
intérêt, on pourrait dire les points fondamentaux
de la culture des abeilles. Et lorsqu'on se les procure par l'usage d'une méthode au moyen de laquelle les récoltes du miel, bornées au superflu
des abeilles, se trouvent naturellement mesurées
à l'abondance du climat, de la saison, de l'année,
à la force de la ruche, et à l'activité des abeilles,
toujours déterminée par la fécondité de leurs reines;
lorsqu'on y joint la commodité d'occuper les abeilles pendant toute la belle saison et d'utiliser ainsi
leur activité naturelle, celle de récolter le miel
sans couper les rayons par le fil de fer, celle de
s'opposer aux ravages de la fausse teigne, celle de
nourrir les essaims tardifs ou les ruches nécessi-
teuses et une foule d'autres commodités d'une importance moins majeure, une méthode semblable
doit être favorablement accueillie des cultivateurs
d'abeilles, dont elle remplit les principales vues:
et telle est en effet la cumulation d'avantages que
je ne crains pas d'annoncer à ceux qui essaieront
la mienne.

Avec la ruche à hausses, telle qu'elle a été employée jusqu'aujourd'hui, on renouvelle la cire;
mais le miel est récolté dans les plus vieux rayons

de la ruche. La ruche villageoise procure un miel pur, mais la cire ne s'y renouvelle pas. La ruche de *Gélieu*, qui ne jouit d'aucun de ces avantages, *promet* des essaims artificiels. Je propose une méthode qui, en même temps qu'elle procure un miel pur, permet le renouvellement de la vieille cire, et se prête à une formation simple et facile d'essaims artificiels.

Ce n'est pas ici un ouvrage d'observations nouvelles sur l'histoire naturelle des abeilles; le titre seul l'annonce : c'est une méthode pratique, basée sur la connaissance que nous avons aujourd'hui de ces insectes. Ce n'est point un ouvrage scientifique où j'ai cherché à étaler les ornements du style : vérité, clarté et simplicité, voilà les fanaux qui ont guidé ma plume. Aussi je n'adresse pas mon travail aux beaux esprits qui, le plus souvent, jugent du mérite des systèmes par le vernis de la diction; mais je l'adresse surtout aux gens de la campagne, à qui, pour l'ordinaire, la vérité suffit, quel que soit son langage. J'ose croire qu'il leur sera utile, s'ils peuvent se déterminer, je ne dis pas à vaincre l'attachement qu'ils ont pour leurs anciennes méthodes, mais à soumettre la mienne au plus petit essai, bien assuré que le succès les convaincra mieux que tous les raisonnements de la plus saine logique.

Je n'ai pas non plus compilé toutes les instructions dont la plupart des auteurs qui ont écrit sur la matière ont surchargé leurs méthodes ; je me suis borné à ce dont il était nécessaire que le cultivateur d'abeilles eût connaissance pour le guider dans sa pratique, supprimant tout ce qui me semblait peu important ou généralement connu, et préférant qu'on fît à mon ouvrage le reproche d'être incomplet, plutôt que celui de n'être qu'un ramas d'instructions banales. On ne doit cependant point s'attendre à ne trouver dans cet écrit que des procédés absolument neufs : il n'en est peut-être pas un seul dont je n'aie puisé l'idée dans quelques-uns des livres nombreux qui ont paru sur les abeilles ; mais celui-là aussi est inventeur, qui perfectionne les inventions des autres ; et peut-être trouvera-t-on que j'ai fait un travail utile en réunissant les avantages isolés de tous les procédés connus, et en prévenant leurs inconvénients.

Cet ouvrage est divisé en trois parties : la première est consacrée à un développement sommaire de ce qui se passe dans la monarchie des abeilles, ou à quelques notions sur l'histoire naturelle de cet insecte. Dans la deuxième partie, je m'occupe des ruchers, des diverses sortes de ruches, de la ruche française et de la manière de s'en servir ; et dans la troisième partie, je traite de la manipulation du miel, de la préparation de la cire, et des avantages qu'on peut retirer de la culture des abeilles.

PREMIÈRE PARTIE.

CHAPITRE UNIQUE.

Des Abeilles.

Il y a quatre espèces d'abeilles, dont la plus commune et la meilleure est celle qu'on nomme *petite hollandaise* ou *petite flamande*.

§ I.

Différents genres d'Abeilles.

Il n'y a dans une ruche que des abeilles de deux genres, mâles et femelles; quoiqu'il y en ait de trois sortes : la *reine*, les *faux-bourdons*, et les *ouvrières*.

La *reine* est la seule vraie femelle qui soit dans une ruche : son unique emploi est de pondre toute l'année, excepté pendant les trois mois de l'hiver; sa ponte peut être évaluée à 60 ou 80 mille œufs par an. Elle ne sort de la ruche que pour s'accoupler en l'air avec les mâles ou faux-bourdons, peu de jours après sa naissance; un seul accouplement suffit pour la rendre féconde toute sa vie; et ce qui est vraiment remarquable, c'est que si elle ne s'accouple que vingt jours après sa naissance, elle ne pond plus que des œufs de faux-bourdons. Elle commence à pondre deux jours après l'accouplement. Elle ne travaille point; elle a les ailes fort courtes, et la partie postérieure du corps beaucoup plus alongée que les abeilles ouvrières. Sa couleur est d'un rouge-brun doré, et beaucoup plus vive que celle des autres abeilles.

Elle est armée d'un fort aiguillon, dont elle se sert pour combattre ses rivales : car les reines ont entre elles une aversion qui les porte à se détruire jusqu'à ce qu'il n'en reste qu'une seule dans une ruche.

Les *faux-bourdons* sont les mâles de l'espèce. Ils sont plus gros que les abeilles ouvrières, et moins longs que la reine; leur nombre varie de quatre cents à deux mille dans une ruche; ils naissent sur la fin d'avril, en mai ou juin, ne travaillent point, ne sortent que par les beaux jours depuis midi jusqu'à trois heures, et sont massacrés par les ouvrières en juillet ou dans le mois d'août, après la saison des essaims, et lorsque toutes les jeunes reines ont été fécondées.

Les *ouvrières* composent le reste de la population d'une ruche; leur nombre est de douze à trente mille, et s'élève quelquefois plus haut. Elles ont les organes du sexe féminin, mais non développés, et inhabiles à la génération. C'est sur elles que roule tout le travail : aussi sont-elles pourvues d'un double estomac propre à élaborer la cire, qu'elles dégorgent en bouillie pour l'employer à la construction de leurs édifices; d'une espèce de jabot où elles recueillent le miel, qu'elles viennent emmagasiner dans la ruche; de cuillers ou pochettes aux deux pattes postérieures, dans lesquelles elles empilent le *pollen*, qu'elles apportent en pelotes à la ruche; de dents qui leur servent à polir les constructions brutes de cire; d'une trompe avec laquelle elles aspirent le miel dont elles remplissent leur petite bouteille; de poils sur tout le corps, qui retiennent la poussière des fleurs dans lesquelles elles se roulent, et de brosses aux pattes pour la ramasser en se brossant.

§ II.

Matières qui sont dans une Ruche.

Les matières que l'on trouve dans une ruche sont : la *propolis*, la *cire*, le *pollen* et le *miel*.

La *propolis* est une espèce de résine que les abeilles vont cueillir, selon toute apparence, sur les jeunes pousses de certains arbres enduits d'une substance visqueuse, comme le peuplier. Elles emploient cette matière à luter leurs ruches, à boucher toutes les jointures, à combler les inégalités, et à embaumer les cadavres des ennemis qu'elles ont poignardés dans la ruche et qui sont trop lourds pour être portés au dehors.

La *cire* est une huile oxidée avec laquelle les abeilles construisent les édifices de leur ruche. Elle paraît provenir du pollen des fleurs élaboré dans leur estomac, quoiqu'on ait découvert qu'elles en peuvent faire avec du *miel*, et autres substances sucrées. Elles la dégorgent en bouillie et en bâtissent leurs *rayons*, qu'on appelle aussi *gâteaux* ou *couteaux* (1). Ces rayons sont des masses de cire d'une longueur ou d'une largeur proportionnées à la forme de la ruche, et ordinairement d'une épaisseur de deux centimètres et demi, attachées au sommet de la ruche, et descendant dans un plan vertical sur le siége jusqu'à une distance d'un centimètre de ce siége, dans leur plus long prolongement. Ces masses apparentes sont criblées à leurs deux faces d'une immense quantité de trous nommés *alvéoles* ou *cellules*, formant des hexaèdres séparés les uns des autres par des cloisons infiniment minces, dont chacune sert de côté à deux alvéoles à la fois. Leurs fonds sont pyramidaux et composés chacun de trois losanges qui sont communs aux fonds de trois alvéoles opposés. Ces al-

---

(1) Ces trois mots ne sont cependant pas tout-à-fait synonymes. On nomme plus volontiers *couteaux* la partie de cire qui renferme le miel; *gâteaux* celle où il y a du couvain; et *rayons* est la dénomination commune.

véoles, au lieu d'être horizontaux, ont les côtés un peu relevés pour empêcher l'écoulement du miel qui y est déposé.

Ces alvéoles servent de berceau au couvain, puis de magasins pour déposer le miel. Les alvéoles qui contiennent du couvain sont, lorsque le ver a acquis toute sa taille, fermés de couvercles en cire *bombés*, et ceux qui renferment du miel sont fermés de couvercles *plats*; c'est principalement à cela qu'on les distingue. Les rayons de cire sont blancs lorsqu'ils sont nouvellement construits; ils jaunissent la deuxième année, deviennent noirs l'année suivante, et se gâtent dans la suite.

Le *pollen* est la poussière que les abeilles récoltent sur les fleurs en entrant dans la corolle pour sucer le nectar que le pistil de la fleur distille dans son sein. La poussière des étamines s'attache aux poils de leur corps, qu'elles brossent ensuite avec leurs pattes; et elles déposent ce qu'elles en tirent dans les palettes de leurs jambes postérieures où elles forment de petites boules qu'on les voit apporter à la ruche. Quelquefois même elles y arrivent avant de s'être brossées, et encore toutes couvertes de cette poussière.

Ce pollen, qu'on croit aussi être la matière première de la cire, est la nourriture du couvain; les abeilles le mélangent avec du *miel* pour en faire une sorte de pâtée. Cette récolte occupe la majeure partie des ouvrières dans la grande ponte de la

reine, qui a lieu en avril et mai; et l'on peut
juger de la consommation qui s'en fait, par le nombre de celles qui en apportent dans un jour. On a
vu de fortes ruches prendre deux kilogrammes de
poids dans un jour, et perdre trois hectogrammes
pendant la nuit; ce poids provenait en grande partie du pollen, et diminuait par la consommation
qu'en faisait le couvain.

On est donc assuré qu'il y a du couvain dans
une ruche, quand on voit les abeilles apporter à
leurs jambes du pollen; et réciproquement, il n'y
a point de couvain, quand elles n'en apportent pas.

Le *miel* est une substance sirupeuse, sucrée et
aromatique, que les abeilles recueillent dans le
sein des fleurs et sur les feuilles de certains arbres
qui, dans les temps chauds, se couvrent par trans-
sudation, d'une espèce de *manne*.

Le temps de la récolte du miel commence en
mai ou juin, et se prolonge jusqu'en automne dans
les pays où l'on sème du sarrasin. On voit alors les
abeilles entrer dans leur ruche et en sortir avec une
vivacité extrême. Le couvain, qui n'est plus qu'en
petit nombre, ne les occupe plus autant, et il n'y a
que quelques ouvrières employées à apporter du
pollen. Mais celles qu'on voit entrer sans pollen ne
viennent point à vide, et sont chargées intérieurement de miel qu'elles vont dégorger dans les cellules, pour recommencer aussitôt un nouveau
voyage.

On retire d'une ruche un bien plus grand poids de miel que de cire. 14 à 15 kilogrammes de miel sont contenus dans des rayons de cire pesant un demi-kilogramme.

Le plus beau et le meilleur de tous les miels est celui qui est récolté sur les plantes aromatiques, telles que le romarin, le thym, le serpolet, etc. Le plus beau ensuite est celui que produit le sainfoin ou esparcette. En troisième ordre de qualité, viennent les miels des pays à forêts et à prairies. En quatrième, celui des pays à blés, qui produisent peu ; et le plus mauvais est celui que les abeilles tirent du sarrasin ; mais il en produit beaucoup, et la cire en est plus estimée. Celui qu'elles recueillent de la lavande et de l'hysope a une teinte verdâtre et un bon goût. En général, le miel des contrées dont le terrain est léger est infiniment supérieur en qualité à celui des localités dont les terres sont fortes.

Il y a quelquefois dans les couteaux qui renferment du miel, des alvéoles remplis d'une matière rouge, d'un goût insipide, que quelques auteurs ont regardée comme une maladie des abeilles, qu'ils ont appelée *rougeole* ; mais cette matière n'est autre chose que du pollen mis en réserve par la prévoyance des abeilles pour nourrir le couvain précoce avant l'apparition des fleurs.

Le miel est toujours dans la partie supérieure des rayons, le couvain dans le milieu, et le bas est ordinairement vide. Cependant, chez les essaims, la reine remplit de couvain les alvéoles à mesure qu'ils sont construits, c'est-à-dire d'abord dans la partie supérieure : mais après la sortie de ce couvain, ces alvéoles sont remplis de miel. En approchant de l'automne, la quantité de couvain diminue dans les ruches, et alors les abeilles remplissent de miel les deux tiers de leurs rayons, ou même davantage si l'abondance le permet.

§ III.

Couvain.

La reine pond toute l'année, si ce n'est depuis le mois de novembre jusqu'en février. Elle ne pond que des œufs de deux genres : ceux du sexe masculin pour produire des faux-bourdons ; et ceux du sexe féminin, qui produisent ou des ouvrières ou des reines, suivant la capacité de l'alvéole où ils sont déposés, et peut-être aussi suivant l'espèce et l'abondance de nourriture donnée aux vers qui en naissent.

Les œufs destinés à produire des faux-bourdons sont déposés par la reine dans des alvéoles plus grands que ceux où elle dépose les œufs d'ouvrières ; et ceux-ci, lorsqu'ils sont destinés à produire des reines, sont déposés dans des alvéoles extrémement vastes, construits sur le bord des gâteaux, dans une situation verticale, de manière que l'ouverture soit en bas.

De l'œuf presque imperceptible qui est placé dans le fond d'un alvéole, éclôt, peu de jours après, un petit ver blanc auquel les ouvrières apportent de la nourriture, d'abord en petite quantité, puis en l'augmentant suivant l'âge du ver. En cinq à six jours il acquiert toute sa grosseur, époque à laquelle les abeilles cessent de lui donner de la nourriture. Alors il se file une coque, les abeilles couvrent son alvéole d'un couvercle de cire et le laissent se métamorphoser en nymphe, puis en mouche : celle-ci brise son enveloppe, et, à force d'efforts, s'échappe de sa prison, sans qu'aucune ouvrière l'aide jamais dans cette opération où elle succombe quelquefois. Aussitôt après sa naissance, les ouvrières la lèchent, lui offrent du miel avec leur trompe, et bientôt elle s'essaie et se met à l'ouvrage.

Les jeunes reines ne sont que seize jours à naître, les ouvrières trois semaines, et les faux-bourdons près d'un mois. Les abeilles démolissent les cellules royales aussitôt que les jeunes reines en sont sorties.

Les reines ne font ordinairement qu'une ponte de mâles ou faux-bourdons tous les ans. Cette ponte de mâles a lieu au printemps, à la suite de la grande ponte d'ouvrières, et dure quelquefois plus de quinze jours sans interruption, et quelques jours encore avec des alternatives d'œufs mâles et femelles. Cependant les reines très-fécondes en font deux ou trois, à quatre ou cinq semaines d'intervalle. Mais les pontes secondaires sont moins considérables et d'une moins longue durée que la première. Les jeunes reines ne font, pour l'ordinaire, leur première ponte de mâles ou faux-bourdons que onze mois environ après leur naissance. Néanmoins celles qui sont très-fécondes, pondent des mâles huit à dix semaines après leur naissance.

On ne saurait imaginer la tendresse avec laquelle les ouvrières soignent le couvain qui doit partager avec elles tous les travaux, et dont le nombre fait la force et la prospérité de la ruche. Pour le faire éclore et pour l'élever, elles ont l'attention d'entretenir dans la ruche une chaleur toujours égale, soit en se portant en masse dans les parties où cette chaleur a besoin d'être excitée, soit en quittant la ruche lorsque la chaleur est trop forte, ou même en disposant à l'entrée un nombre quelconque d'entre elles qui font l'office de ventilateurs, et qui, par l'agitation de leurs ailes, donnent plus de courant à l'air qui s'y introduit.

§ IV.

Essaims.

Lorsqu'une ruche déjà forte se trouve augmentée par la ponte que la reine a faite en mars et avril, la population devient bientôt trop considérable pour pouvoir être contenue dans la ruche. Les abeilles alors, à la vue des cellules de faux-bourdons occupées, se déterminent à construire sur le bord des gâteaux quelques vastes cellules verticales où la reine pond un œuf d'ouvrière, ou plutôt un œuf femelle. Les abeilles donnent aux vers qui y éclosent d'amples provisions de nourriture. Lorsque ces cellules sont fermées par le couvercle de cire, la reine semble concevoir une aversion extrême contre les individus qu'elles renferment; elle s'agite, court avec transport dans tous les coins de la ruche, où elle rencontre partout des cellules royales dont la vue accroît son agitation. Cette inquiétude se communique bientôt aux abeilles, qui s'agitent à leur tour, font monter la chaleur à plus de 32 degrés, et se précipitent hors de la ruche, suivies de leur reine : et voilà comment se forme le premier essaim.

Après le départ de cet essaim, qui a lieu dans le moment où la moitié des abeilles est en campagne, la ruche se trouve encore bien forte, soit par le retour des absentes, soit par le nombreux couvain qui éclôt tous les jours. La première jeune reine qui sort de sa cellule, devient alors la souveraine. Son premier soin est de se jeter sur les cellules royales, pour immoler les nymphes qu'elles renferment à sa jalousie et à son aversion; mais elles sont gardées par les ouvrières, qui, n'ayant encore aucun attachement pour cette reine vierge, la repoussent et s'opposent à sa fureur. Celle-ci s'irrite, s'inquiète, parcourt la ruche dans des transports qui se communiquent aux abeilles. La chaleur qu'elles excitent par leur agitation leur devient insupportable, et, suivies de la reine, elles se précipitent hors de la ruche comme la première fois.

Cette manœuvre se renouvelle jusqu'à ce que la ruche, trop affaiblie par plusieurs émigrations, ne contienne plus assez d'ouvrières pour garder les cellules royales. La première reine qui sort alors, égorge toutes celles qui sont encore dans leur berceau, et la ruche ne donne plus d'essaims. C'est ainsi que M. *Hubert* explique la formation des essaims.

Ordinairement, pendant le tumulte qui précède la sortie d'un essaim, quelques jeunes reines s'échappent de leurs cellules, et vont joindre le gros de la colonie. C'est pourquoi presque toujours dans les essaims secondaires il se trouve plusieurs reines :

mais aussitôt que l'essaim est fixé dans une ruche, ces reines se livrent des combats à outrance, jusqu'à ce que l'empire reste à la plus heureuse ; car jamais il n'y a qu'une seule reine dans une ruche : quand il s'en trouve deux ou plusieurs, les abeilles quittent leurs travaux ; elles accourent en foule ; leurs groupes serrés forment autour des rivales une enceinte formidable qui sert de champ clos, et elles les forcent, pour ainsi dire, à se livrer des combats singuliers, dont le résultat ne laisse qu'une seule reine.

Deux ou trois jours après qu'un essaim, conduit par une jeune reine, est établi dans une ruche, la jeune reine sort pour s'accoupler, et commence sa ponte quarante-six heures après l'accouplement.

Il n'y a point d'indices sûrs de la sortie des premiers essaims ; cependant on a lieu d'en attendre d'une ruche lorsqu'elle est pleine de constructions et bien peuplée, et lorsqu'il s'y trouve des faux-bourdons. Car une ruche, quelque forte qu'elle soit, n'essaime jamais avant la naissance des faux-bourdons. Le signe précurseur de la sortie des seconds essaims est un chant aigu, très-distinct, de quelques secondes et à différentes reprises, qu'on entend dans la ruche le soir ou le matin. C'est le cri des jeunes reines retenues captives dans leurs cellules.

Les ruches produisent des essaims depuis le mois d'avril jusque dans le mois de juillet, et même d'août pour les pays où les fleurs sont abondantes et où l'on sème du sarrasin. Le nombre des essaims que donne une ruche, varie de un à cinq ou six; mais on ne doit pas désirer d'en avoir plus de deux ou trois : des essaims plus nombreux épuisent outre mesure la ruche d'où ils sortent; et, trop faibles eux-mêmes pour pouvoir prospérer, au lieu de donner des produits, ils occasionent des dépenses de nourriture pour l'hiver, qu'ils ne traversent que bien difficilement et à l'aide des plus grands soins.

Les essaims sortent depuis sept heures du matin jusqu'à trois ou quatre heures de l'après-midi.

§ V.

Théorie des Essaims artificiels.

J'ai déjà dit que la reine ne pondait des œufs que de deux genres, mâles et femelles, et que l'œuf femelle produisait ou une ouvrière ou une reine, suivant la capacité du berceau où le ver était élevé. M. *Hubert* a même démontré que dans ce dernier cas le ver était nourri d'une pâtée différente.

L'ouvrière a effectivement les organes du sexe féminin; apparemment que l'étroite prison où elle a été élevée n'a pas permis que ces organes prissent tout le développement qui pût la rendre propre à la génération et en faire une reine, seule vraie femelle. Mais ce complément d'organisation refusé aux parties de la génération, profite au développement des organes du travail, dont sont privés les reines et les mâles.

Si donc les abeilles d'une ruche perdent leur reine, et qu'elles aient du jeune couvain d'ouvrières, elles choisissent une demi-douzaine ou davantage de jeunes vers de deux ou trois jours au plus; elles agrandissent leurs cellules aux dépens de celles qui les avoisinent, et même du couvain qu'elles peuvent renfermer; elles tournent ces cellules dans une situation verticale, couvrent les jeunes vers d'une abondante provision de gelée; et le sexe de ces vers qui auraient produit des ouvrières, reçoit dans ces vastes berceaux un développement qu'il n'aurait pas reçu dans des cellules étroites. Quand ils ont pris leur accroissement, les abeilles ferment leurs cellules pour les laisser subir leurs métamorphoses.

La première jeune reine qui sort de sa cellule, ne manque pas de se jeter sur celles qui renferment ses rivales et de les poignarder. Les abeilles, qui n'avaient d'autre but que de se procurer une reine, ne s'y opposent point comme dans le cas des essaims naturels.

Ainsi, pour faire un essaim artificiel, il faut enlever une partie des abeilles avec la reine pour en former l'essaim, et faire en sorte que celles qui restent aient des jeunes vers d'ouvrières dont elles puissent faire une reine.

Mais une règle indispensable à suivre, et que jusqu'à présent les opérateurs des essaims artificiels ont le plus souvent négligée, c'est de ne jamais extraire un essaim d'une ruche avant d'en avoir vu sortir des faux-bourdons; non pas que, la ruche manquant de faux-bourdons, on ait à craindre que la jeune reine qui naîtra de la formation de l'essaim ne soit pas fécondée dans la quinzaine de sa naissance, et que pour cette cause elle ne ponde que des mâles : il suffit, pour être fécondée, qu'il y ait des mâles dans quelques autres ruches; c'est un fait dont j'ai acquis la preuve. Mais la pratique de la règle que je prescris, a pour but de laisser aux abeilles privées de leur reine, du couvain d'ouvrières assez jeune pour en faire des reines. En effet, il faut se rappeler qu'au temps de la grande ponte qui a lieu en avril et mai, les reines, après avoir pondu une immense quantité d'œufs d'ouvrières, commencent une ponte d'œufs de mâles, qui dure souvent une vingtaine de jours sans interruption, et dix autres jours avec des alternatives d'œufs de mâles et d'œufs d'ouvrières. Si l'on séparait les abeilles dans la première période de cette ponte, celles privées de la reine ne pourraient s'en faire une, quoique avec tout le couvain de la ruche, et l'opération serait manquée; au lieu qu'en attendant la naissance des faux-bourdons, qui sont près de trente jours à éclore, on est assuré que la ponte en est achevée, et que la reine en a recommencé une d'ouvrières.

C'est à cette inattention que l'on doit tant d'échecs dans les tentatives d'essaims artificiels ; d'autant plus que, croyant les rendre plus avantageux, on les fait presque toujours trop tôt. Le vrai moment de les faire, c'est six ou huit jours après l'apparition des faux-bourdons. Il est même rare alors que les abeilles soient obligées d'agrandir des cellules d'ouvrières pour donner aux vers qu'elles contiennent l'éducation royale. Car, d'après des observations réitérées, il m'a paru que quelque faible que soit une ruche, et soit qu'elle veuille essaimer ou non, la vue des cellules de faux-bourdons occupées, détermine toujours les ouvrières à construire des cellules royales où la reine dépose des œufs, et dont elle détruit ensuite les nymphes si la ruche n'essaime pas, soit parce qu'elle est trop peu peuplée pour se diviser, soit parce que les mauvais temps se sont opposés à l'émigration de la reine-mère, soit parce que la saison est trop avancée ou l'année trop peu abondante.

On voit que quand on a extrait d'une ruche un essaim artificiel, les abeilles qui restent ne s'attachent plus qu'à remplacer par une seule reine celle qu'on leur a enlevée, et ne s'opposent point

à ce que la première née immole ses cadettes.
De là il arrive que cette ruche ne donne point
d'autre essaim, à moins qu'on ne lui en fasse produire un second artificiel lorsqu'elle est assez forte.

Les essaims artificiels ont donc cet avantage,
qu'ils empêchent les ruches de trop essaimer; et
que si un essaim artificiel a été extrait d'une ruche,
elle n'essaimera plus dans la même année qu'à
volonté et artificiellement; ce qui est infiniment
commode, et évite une surveillance pénible pendant le temps des essaims, c'est-à-dire depuis huit
heures du matin jusqu'à trois heures après midi;
et cela tous les jours depuis la fin d'avril jusqu'à
la fin de juin, et souvent plus tard.

Mais ils présentent encore d'autres avantages :
1° on ne perdra pas la plus grande partie des
meilleurs essaims qui s'échappent souvent au loin
quand ils sortent naturellement; 2° on force les
ruches fortes qui n'auraient pas essaimé naturellement, à essaimer malgré elles : ce qui multiplie
singulièrement les produits; 3° comme ces essaims
se trouvent sur-le-champ munis de provisions de
tout genre, et d'une reine qui est dans le fort de sa
ponte, ils ont une avance considérable sur les
essaims naturels : avance telle, qu'au bout de
trois semaines ils sont souvent dans le cas de donner eux-mêmes un bon essaim; ce qu'on ne pourrait exiger d'un essaim naturel, sans l'exposer à
périr.

Et qu'on n'objecte point ici la nature. Car, 1° la commodité et les avantages incontestables qu'offrent les essaims artificiels, répondent à toutes les objections ; 2° ce n'est pas contrarier la nature que de la prévenir ; 3° ce n'est pas non plus contrarier la nature que de mettre les abeilles dans le cas d'user de la faculté que la nature leur a donnée de remplacer leur reine quand elles s'en trouvent privées.

J'expliquerai, partie 2, § 14, la manière de former commodément des essaims artificiels avec la *ruche française*.

§ VI.

Ennemis des Abeilles.

Les abeilles ont une foule d'ennemis plus ou moins dangereux. Les araignées les prennent dans leurs filets, et s'en repaissent après les avoir tuées. Les moineaux, les hirondelles et beaucoup d'autres oiseaux, dans le temps de leurs nichées, en font la pâture de leurs petits ; les mésanges et les pics les recherchent en automne et dans l'hiver ; les fourmis attaquent quelquefois les ruches faibles, surtout au printemps ; les guêpes affluent souvent en très-grand nombre autour des ruches, où elles pénètrent avec audace pour y voler du miel, et celles de l'espèce la plus grosse et la plus forte saisissent les abeilles, les emportent, les déchirent, et sucent l'intérieur des cadavres qu'elles ont immolés. Les rats et les musaraignes s'introduisent l'hiver dans les ruches, par l'entrée quand elle est assez ouverte, ou percent les ruches en paille, et profitent de l'engourdissement des abeilles pour les dévorer ainsi que leurs provisions.

Quelques auteurs ont aussi reproché aux lézards et aux crapauds de jardin d'attaquer les abeilles vivantes et d'en faire leur proie; mais c'est à tort; et s'il est vrai qu'on ait trouvé dans leur estomac des débris d'abeilles ou des abeilles entières, ils provenaient sûrement des cadavres gisants au-devant des ruches.

Quoi qu'il en soit, le propriétaire d'abeilles doit les protéger contre tout ce qui est capable de leur nuire. Ainsi, il aura soin d'enlever les toiles d'araignées autour des ruches; il détruira les nids des oiseaux apivores qui seraient dans le voisinage de son rucher; il exterminera les fourmilières en y versant de l'eau bouillante, ou mieux encore en y brassant de la chaux vive en poudre; il ensoufrera les repaires des guêpes, ou s'il ne peut les découvrir, il en détruira un très-grand nombre en plaçant près de l'entrée des ruches des bouteilles débouchées, à moitié remplies d'eau miellée, où elles viendront se noyer par centaines, sans que les abeilles cherchent à leur disputer ce dangereux appât. Enfin, il empoisonnera les rats et les musaraignes avec de l'arsenic ou de la strychnine. Mais il pourra laisser vivre en paix le hideux crapaud, qui se nourrit de limaces et d'insectes nuisibles au jardinage, et l'innocent lézard, que les abeilles elles-mêmes ne repoussent point, quoique parfois il entre familièrement dans leurs ruches.

Au reste, les attaques de tous ces ennemis ne donnent lieu qu'à des destructions partielles et isolées, qui vont rarement jusqu'à compromettre l'existence même d'une ruche; ce sont des accidents individuels de mort violente auxquels tous les êtres vivants sont exposés, et qu'on n'évitera jamais entièrement, quelques précautions que l'on prenne.

Mais l'ennemi le plus redoutable des abeilles, celui qui fait aux ruches une guerre d'invasion et d'extermination, c'est une chenille nommée *fausse-teigne*, provenue d'un œuf déposé par un papillon phalène, dont les ailes sont horizontales et de couleur grisâtre. Ce papillon rôde toute la nuit autour des ruchers, et parvient quelquefois, à la faveur des ténèbres, à se glisser dans les ruches faibles qui sont le plus souvent mal gardées. Il dépose ses œufs dans les rayons de cire qui sont dégarnis d'abeilles. La chaleur de la ruche les fait éclore, et il en sort de petites chenilles dont la tête est armée d'écailles à l'épreuve de l'aiguillon des abeilles.

Ces insectes, d'abord presque imperceptibles, se nourrissent de la cire qui leur a servi de berceau, et sont surtout fort avides des dépouilles de nymphes qui tapissent l'intérieur des vieux alvéoles. En prenant de l'accroissement, ils se filent une enveloppe soyeuse d'abord très-mince, puis de la grosseur d'un canon de plume, pour se faire une retraite. Ces redoutables mineurs, pleins de sécurité au milieu de leurs ennemis, prolongent leurs remparts à mesure qu'ils consomment. Pour manger, ils avancent leur tête cuirassée hors du fourreau qui les cache, et exercent ainsi paisiblement leurs brigandages, en bravant les traits de celles qu'ils dépouillent. À mesure qu'ils grandissent, le ravage s'étend et se multiplie; le siége de la ruche est couvert de débris de cire hachée; le miel coule des alvéoles rongés; le couvain tombe de son berceau démoli, et les abeilles découragées abandonnent une demeure où elles ne peuvent plus jouir en paix du fruit de leurs travaux.

Ce fléau des abeilles est à redouter presque toute l'année, depuis la naissance de ces papillons, qu'on voit paraître en mai et voltiger autour des ruches jusqu'en octobre. Les ruches dont la cire est vieille y sont beaucoup plus sujettes que les autres.

Pour prévenir l'attaque des *fausses-teignes*, il faut faire en sorte de n'avoir que de fortes ruches dont la cire ne soit pas trop vieille. Mais dès qu'une fois elles y sont logées, ce qu'on connaît à leurs excréments semblables à de la poudre à canon, répandus avec des rognures de cire sur le siége de la ruche, et encore aux galeries soyeuses qu'on aperçoit au bas des rayons, il faut promptement les expulser; autrement la ruche serait perdue.

J'indiquerai le moyen d'en purger la *ruche française* lorsqu'elle en est infestée, et on verra qu'aucune autre ruche n'offre la même facilité de secourir les abeilles dans ce pressant danger.

§ VII.

Pillage.

On doit voir par tout ce que j'ai dit, qu'une ruche est comme un royaume composé de sujets qui meurent tour-à-tour, et sont remplacés par d'autres qui naissent tous les jours. Ainsi, quoique l'abeille ouvrière ne vive guère qu'un an, une ruche n'est jamais vieille en ce qui regarde les individus qui la peuplent; elle ne vieillit que par ses constructions en cire, qui se gâtent au bout de quelques années; et si on a le moyen de les enlever, les ruches se maintiennent toujours jeunes. Cependant la reine, qui vit plus long-temps que l'abeille ouvrière, meurt aussi, et sa mort, ordinairement précédée d'un état de caducité qui interrompt sa ponte, peut causer une grande révolution dans la ruche. Cette révolution n'arrive point si la reine meurt en laissant une héritière encore au berceau dans quelque cellule royale, ou en laissant du couvain d'ouvrières assez jeune pour recevoir l'éducation royale.

Mais ces deux conditions venant à manquer, et le trône ne pouvant plus être occupé, la ruche n'est plus qu'un théâtre de désordre et d'anarchie : les travaux cessent tout-à-fait, et les abeilles voisines ne tardent guère d'accourir au pillage des provisions. Les assaillantes sont d'abord repoussées par les habitantes de la ruche ; mais les attaques redoublent ; un grand nombre de mouches périssent, les unes victimes de leur zèle, les autres de leur audace ; et bientôt les assiégeantes pénètrent en foule dans la place. On entend alors dans la ruche et autour, un bourdonnement extraordinaire. Abeilles, guêpes, frelons, tout entre pêle-mêle, et le miel est complètement pillé dans l'espace de quelques heures.

Lorsque les choses en sont à ce point, l'unique remède est d'enlever promptement la ruche pour profiter de ce qui peut y rester.

Il est possible pourtant d'éviter cet accident. On juge qu'une ruche en est menacée quand les abeilles sont dans une espèce de découragement, qu'on ne les voit sortir qu'en très-petit nombre, et qu'on n'en voit aucune apporter du pollen. On doit présumer alors qu'il n'y a point de reine, et leur fournir le moyen de s'en procurer une, si la saison le permet. J'indiquerai ce moyen en parlant de ma ruche.

§ VIII.

Maladies des Abeilles.

On ne connaît qu'une maladie à laquelle les abeilles soient sujettes : c'est celle qu'on nomme *dyssenterie*. Elle n'attaque les ruches qu'au printemps. Elle se manifeste par la déjection d'une matière liquide et jaune, que les abeilles laissent tomber malgré elles partout où elles se trouvent, et particulièrement dans la ruche, où ces déjections deviennent funestes à celles sur qui elles tombent, en ce qu'elles leur bouchent les organes de la respiration, et font mourir celles mêmes qui ne seraient pas attaquées de la maladie.

Les auteurs donnent différentes causes à cette maladie. Les uns veulent que ce soit la disette de cire brute que les abeilles ont coutume, selon eux, de mettre en réserve pour se nourrir pendant l'hiver ; que cette provision venant à manquer, elles sont forcées de se nourrir de miel, qui, étant purgatif, les relâche et leur donne la *dyssenterie*. En conséquence, ils assurent que le meilleur remède est de leur donner des gâteaux qui contiennent de cette cire brute.

D'autres prétendent que le trop long emprisonnement des abeilles dans la ruche les ayant empêchées de se vider, le séjour des matières fécales dans leurs intestins les a ulcérés, et leur occasione la dyssenterie. Ils conseillent, pour les guérir, de leur donner un sirop composé de miel et de vin vieux, ou de moût de raisin.

Ceux qui donnent pour cause de la dyssenterie la nécessité où se sont trouvées les abeilles de manger du miel, raisonnent trop par analogie. Il est démontré pour moi que les abeilles ne se nourrissent pas du pollen qu'elles mettent en réserve; mais qu'il est destiné à former la pâtée du couvain précoce. Si le miel est légèrement purgatif pour nous, rien n'indique qu'il le soit pour les abeilles. Il est certain qu'il est leur nourriture naturelle; et pour peu qu'on ait suivi ces insectes, on sera convaincu que le miel par lui-même ne leur fait jamais de mal.

L'autre cause, que l'on fait dériver du séjour trop prolongé des matières fécales dans les intestins, est plus spécieuse; mais je ne la crois pas plus vraie : car on ne remarque pas qu'après les hivers longs et l'emprisonnement des abeilles dans leurs ruches, auquel quelques propriétaires les assujettissent pendant les premiers temps qui suivent la fonte des neiges, elles y soient plus exposées qu'à la suite des hivers courts ; et cette observation démontre assez que cette maladie provient d'une autre cause.

S'il faut dire mon avis, je crois que la dyssenterie vient de ce que les abeilles ont mangé du miel déposé dans de la vieille cire qui le gâte et lui donne une très-mauvaise qualité bien capable de produire la maladie dont il s'agit. Je n'ai vu qu'une seule ruche qui en fût atteinte; le vaisseau était d'une seule pièce, et, après en avoir fait sortir les abeilles, je trouvai la cire très-vieille, et les gâteaux, qui étaient dans une sorte de putréfaction, exhalaient une odeur fétide.

Si, en donnant à des ruches infectées de cette maladie, des gâteaux qui contenaient du pollen, on est parvenu à les guérir, cela ne prouve rien contre mon assertion; cela prouve, au contraire, que les abeilles, trouvant dans ces gâteaux un miel meilleur, ont guéri en discontinuant l'usage du miel gâté qui les rendait malades. Il en est de même de l'usage du sirop, qui, en remplaçant la nourriture nuisible des abeilles, a pu les guérir du mal que cette nourriture leur avait causé.

Si cette présomption est juste, il en résulte que le meilleur moyen de prévenir la dyssenterie, est de renouveler la vieille cire et de bien tenir les provisions à l'abri de l'humidité, et que pour en guérir les ruches attaquées, il faut changer leur nourriture.

M. *Ducarne de Blangy* parle encore d'une autre maladie qui est, selon lui, une espèce de tournoiement ou de *vertige*, dont quelques abeilles sont attaquées, particulièrement au printemps.

Je n'ai jamais rien observé de semblable, et ce que M. *Ducarne* prend pour des abeilles attaquées de *vertige*, pourrait bien n'être autre chose que de vieilles abeilles ou du couvain faible et infirme, qui tombent fréquemment autour des ruches, et qu'on voit s'agiter quelque temps et battre des ailes avant de mourir; à moins pourtant qu'il n'y ait certains pays où croissent des plantes vénéneuses, capables de produire cet effet.

§ IX.

Piqûre des Abeilles, et moyens de s'en garantir.

La reine et les ouvrières sont armées d'un aiguillon placé à l'extrémité de la partie postérieure de leur corps. Cet aiguillon est composé de deux pointes garnies de barbes qui le retiennent fixé dans la piqûre, et qui empêchent que les abeilles puissent le retirer, à moins qu'on ne leur donne le temps de se tourner sur elles-mêmes pour faire replier ces barbes autour de l'aiguillon. Aussi la piqûre des abeilles leur coûte le plus souvent la vie. Obligées de s'échapper promptement après avoir piqué, elles laissent dans la chair leur aiguillon avec les viscères qui y sont adhérents. En piquant, les abeilles versent dans la plaie une petite goutte vénéneuse qui rend la douleur de la piqûre très-vive, et cause une inflammation qui augmente pendant vingt-quatre heures.

Pour prévenir la piqûre des abeilles, il faut, quand on les approche, se couvrir le visage d'un masque en fil de fer, surmonté d'un capuchon de grosse toile qui couvre la tête, et dont on engage les bords sous ses habits, et se couvrir les mains de gants de grosse laine, parce que la laine étant moins compacte que la peau, les abeilles qui y planteraient leur aiguillon, pourraient facilement le retirer; ce qu'elles ne pourraient pas faire dans des gants de peau.

Mais si l'on rend de fréquentes visites aux abeilles, et si elles ont l'habitude de voir souvent du monde près d'elles, elles s'apprivoisent, et ces précautions deviennent inutiles. On peut même alors les opérer sans masque, pourvu que l'on agisse avec douceur. A défaut de masque et de gants, on peut se frotter le visage et les mains de vinaigre.

Quand on est piqué par une abeille, il faut promptement arracher l'aiguillon de la piqûre, en prenant garde de ne pas comprimer la petite vessie de venin qui se trouve à sa racine: on presse ensuite fortement la plaie pour faire sortir la goutte vénéneuse qui y a été dardée par l'abeille, et on humecte la piqûre d'une goutte d'alcali volatil, ou d'eau de chaux vive, ou à défaut, d'eau fraîche.

Un moyen infaillible de rendre les abeilles douces lorsqu'on veut les visiter, c'est de les enivrer avec de la fumée et de les étourdir en même temps, en frappant la ruche fortement avec les mains. Leur terreur se manifeste par un bourdonnement extraordinaire, et elles sont alors si paisibles, qu'on peut ouvrir la ruche et la visiter à visage découvert. MM. *Bosc* et *Féburier* appellent ce procédé, dont on est redevable à M. *Lapoutre*, curé comtois, *mettre les abeilles en état de bruissement.*

§ X.

Instinct des Abeilles.

Il n'est pas d'image plus frappante d'une monarchie parfaite, que la réunion des abeilles qui composent une ruche. Chez elles, la conservation de l'état est le grand tout auquel chaque individu rapporte son travail. Point d'intérêts privés, point d'égoïsme; tout est pour le bien public : travaux, dangers, fatigues, tout est pour l'intérêt commun; chaque sujet s'oublie, se dévoue même, s'il le faut, pour le salut de la patrie.

Sur ce peuple nombreux, règne une souveraine à qui la nature a imprimé les marques extérieures de la royauté. Douée d'une structure plus grande et couverte d'une robe plus éclatante, son port a la majesté de celui d'un monarque fait pour commander; mais aussi elle est vraiment la mère de ses sujets. Pourvue d'une fécondité prodigieuse, elle est seule et sans cesse occupée à donner des citoyens à l'état : un cortége nombreux ne la quitte point; et quand elle parcourt ses états, les ouvrières devant lesquelles elle passe, quittent leur travail pour accourir sur son passage lui offrir les tributs de leur amour et de leur attachement. Celles-ci brossent et lèchent sa robe brillante, celles-là lui offrent du miel avec leur trompe, et toutes l'accablent de leurs respectueuses caresses.

Si cette souveraine adorée meurt sans successeur, sans espoir d'être remplacée, le pivot sur lequel roulait la machine est détruit; le désespoir s'empare du peuple, l'harmonie cesse, les travaux sont interrompus, et les abeilles étrangères viennent conquérir les provisions abandonnées ou faiblement défendues.

Mais si, à la mort de la reine, la ruche contient des vermisseaux de moins de quatre jours dans des alvéoles d'ouvrières, l'espérance n'abandonne point la famille. Une intelligence vraiment humaine la préserve de sa destruction. Une demi-douzaine de jeunes vers sont choisis pour réparer la perte d'une tête si nécessaire. Leurs alvéoles sont agrandis et tournés verticalement; leur nourriture différente est servie avec prodigalité; leur destination change, leur sexe se développe, et, d'ouvrières qu'ils devaient être, ils deviennent, par le plus admirable des prodiges, autant de reines parfaites.

Si deux reines se disputent l'empire d'une ruche, on ne les voit point armer le peuple pour soutenir leur querelle et prendre part à leur lutte ; les deux prétendantes combattent corps à corps : la plus faible ou la plus malheureuse succombe sans associer à sa destinée des victimes qui ne partagent pas son ambition. Le peuple n'est cependant point indifférent au spectacle du combat; il suspend ses travaux, il accourt, il entoure d'une enceinte impénétrable l'arène où sont les deux combattantes et ferme le passage à celle qui voudrait fuir : il semble presser et attendre avec impatience l'issue du combat.

La nature a mis dans le cœur de ces fières souveraines une antipathie insurmontable contre leurs rivales. Elles ne peuvent se voir sans se jeter avec fureur les unes sur les autres ; et voilà pourquoi la vue seule des cellules qui renferment des jeunes reines, donne tant d'agitation à celle qui les aperçoit; son aversion contre elles lui rend sa demeure insupportable, et la terreur la porte à sortir d'une habitation où elle peut être à tout moment surprise et immolée par une rivale naissante.

C'est ainsi que M. *Hubert* explique l'émigration des essaims. Cette horreur invincible et mutuelle que s'inspirent les reines, est indispensable au maintien de l'ordre : car si deux reines habitaient une même ruche, il n'y aurait plus cette unité de but, cette parfaite harmonie qu'on remarque dans la monarchie des abeilles ; le peuple ne pourrait suffire aux soins de la postérité nombreuse de ces deux mères fécondes ; il ne resterait plus d'ouvrières pour ramasser les provisions d'hiver, et la ruche périrait.

La vigilance et l'activité de la reine sont extrêmes : et quoiqu'elle ne travaille pas aux constructions, c'est elle qui préside à tous les travaux, qui en distribue les détails, et qui entretient, par sa présence dans la ruche, cet ordre, cet admirable ensemble qu'on ne se lasse pas d'admirer dans le travail des abeilles. Si l'on frappe quelque partie de la ruche, elle y accourt sur-le-champ. Sa fécondité est prodigieuse : on peut évaluer à 60 ou 80 mille le nombre d'œufs qu'elle pond dans une année. C'est cette fécondité qui détermine l'ardeur des ouvrières pour le travail ; et comme toutes les reines ne sont pas également fécondes, c'est cette différence de fécondité qu'on doit regarder comme l'unique cause des différences de population et de produit qu'on rencontre entre plusieurs ruches placées dans la même exposition.

Un fait remarquable aussi parmi ceux qui appartiennent à l'instinct des abeilles, c'est le massacre des mâles ou faux-bourdons après la fécondation des jeunes reines. D'où leur vient cette loi? qui leur en inspire la nécessité? et qui les avertit du moment de l'exécuter?....

Cet acte d'instinct ne laisse pas d'avoir quelque chose de dur et de barbare, et il n'a point d'exemple parmi les autres animaux.

Au jour fixé pour cette exécution, qui dure quelquefois trois ou quatre jours, on voit les ouvrières impitoyables se jeter sur ces parasites désarmés, les poursuivre dans tous les coins de la ruche, les en chasser sans grace, sans rémission; eux, plus gros, mais sans aiguillons : elles, plus vives, plus courageuses, suppléent par le nombre à la force; en vain ils se rapprochent du palais chéri qui les a vus naître, et dont ils ne peuvent s'arracher; elles percent les plus opiniâtres du redoutable aiguillon : tout le devant de la ruche est jonché de cadavres.

L'exécution ne se borne pas à ceux qui sont nés; mais ceux mêmes qui sont à éclore, qui sont encore au berceau, sont poignardés sans miséricorde. Vers, chrysalides, nymphes, tout est sacrifié, tout est jeté à la voirie : la proscription s'étend sur tout le sexe.

Cette insensibilité pour tout ce qui ne fait pas le bien de l'état, paraît être naturelle aux abeilles. Elles en donnent encore des preuves envers les jeunes abeilles qui travaillent à briser le couvercle de leurs cellules pour s'en arracher. Dans cette opération très-laborieuse, on voit celles-ci sortir d'abord la tête et le corcelet, et se donner des mouvements et des peines infinis pour dégager le reste du corps; les plus faibles y succombent; mais jamais les abeilles qui les ont nourries dans leur enfance avec tant de tendresse, ne leur donnent le moindre secours. La plus légère aide leur procurerait la liberté; mais ces nourrices auparavant si tendres, maintenant dures marâtres, semblent ne pas même prendre garde aux pénibles efforts de ces faibles enfants. Surmontent-ils l'obstacle qui les arrêtait? aussitôt elles s'empressent autour d'eux, les lèchent, les caressent, leur offrent du miel avec leur trompe, et les accablent de prévenances. Succombent-ils? elles arrachent les cadavres de leurs prisons, et les portent hors de la ruche.

Autre Sparte, cette monarchie détruit tout ce qui naît faible, infirme, délicat et incapable de travailler. Le couvain qui n'a pas toute la vigueur d'une bonne constitution, et qui a souffert du refroidissement de la température, n'est pas conservé. On les voit porter hors de la ruche des corps encore palpitants et pleins de vie. Il ne faut à ces fières patriotes que des sujets vigoureux, capables d'enrichir l'état par leurs travaux, et non des êtres impotents pour l'appauvrir.

Les abeilles d'une même ruche vivent entre elles dans la meilleure intelligence, et se distribuent les travaux avec une économie admirable. Celles-ci restent dans la ruche pour entretenir par leur présence le degré de chaleur nécessaire au couvain; mais elles n'y sont pas oisives : elles construisent des gâteaux de cire, ou polissent ceux ébauchés, ou ferment de couvercles bombés les vers qui ont acquis leur grosseur, ou préparent de la pâtée pour les plus jeunes. D'autres vont butiner dans la campagne : et parmi celles-là, les unes cueillent du miel, les autres du pollen, et les troisièmes de la propolis. Enfin, il y en a qui sont préposées à la garde de la ruche, et qui font vigilante sentinelle à l'entrée. Il est certain qu'elles se connaissent toutes ; car si une abeille de la ruche revient des champs, elle entre sans obstacle ; si elle a été mouillée et refroidie par la pluie, ses compagnes accourent pour la sécher, la réchauffer ; mais si une étrangère se présente, elle est aussitôt saisie par la garde, qui la chasse et quelquefois la poignarde.

Le soir, quand tout est rentré, touchez avec un brin de paille la sentinelle la plus avancée ; elle ne se jette pas sur vous, mais elle rentre précipitamment pour sonner l'alarme, et l'on voit à l'instant sortir tout l'avant-poste, qui rôde et cherche çà et là la cause de l'alerte ; si vous les inquiétez, elles se précipitent sur vous, et vous piquent aux dépens de leur vie.

Elles ont dans leur bourdonnement un langage

qui n'est point équivoque. L'abeille qui revient paisiblement des champs ne bourdonne pas comme l'abeille qui rôde autour de vous et vous menace de son aiguillon.

Du reste, rien n'est plus actif, plus laborieux, plus patriote que l'abeille. Dès le soleil levant, elle va butiner à la campagne, se charge, revient à la ruche, et retourne pour revenir encore, et ainsi jusqu'au soir. Indifférente à tout autre soin qu'au bien de l'état, elle porte son zèle infatigable jusqu'à l'imprudence; elle brave quelquefois les mauvais temps pour se livrer à son ardeur pour le travail. La construction de ses édifices est admirable; le miel qu'elle recueille est exquis; les soins qu'elle prend de la jeune famille sont touchants. A tant de sagesse, tant de prévoyance, tant d'harmonie, qui ne reconnaîtrait la main puissante d'un Créateur?....

DEUXIÈME PARTIE.

RUCHERS ET RUCHES.

CHAPITRE PREMIER.

Ruchers.

Après avoir donné quelques notions sur ce qui se passe dans l'intérieur de la ruche, il est temps de s'occuper du point le plus important de la culture des abeilles, c'est-à-dire de la situation dans laquelle on les met pour travailler. Et d'abord parlons du rucher.

On remarque communément que les abeilles réussissent moins bien sous un rucher qu'en plein air. Cette observation devrait déjà par elle seule faire préférer cette dernière façon de les placer, puisque indépendamment du plus grand produit, on évite encore la dépense d'un rucher. Mais ce résultat n'a rien qui doive surprendre; il tient à plusieurs causes qui, toutes, dérivent de la température, et qui jusqu'ici n'ont point été assez senties.

L'influence du chaud ou du froid est extrême

sur les abeilles. Le moindre froid les fait périr, quand elles sont isolées; mais groupées dans l'espace étroit qu'elles ménagent entre leurs constructions, elles peuvent résister à plus de vingt degrés au-dessous de zéro. Alors, fortement attachées les unes aux autres, elles sont comme immobiles et passent de la sorte toute la durée du grand froid, sans rien consommer.

Mais aussi la moindre chaleur les agite, les disperse, les appelle aux provisions; une chaleur un peu plus marquée dispose la reine à pondre, excite les abeilles à sortir. Une chaleur plus forte leur en fait une nécessité, afin que le degré de calorique nécessaire au couvain ne s'accroisse pas au point de lui nuire, au point d'incommoder les abeilles elles-mêmes, et de ramollir leurs fragiles édifices.

Si la chaleur est plus forte encore, le travail devient absolument impossible dans l'intérieur de la ruche; les abeilles sortent toutes de leur habitation, où l'augmentation de calorique qu'elles apporteraient par leur présence achèverait de liquéfier la cire. A peine la reine y demeure-t-elle pour faire ses pontes, avec quelques centaines d'ouvrières qui pourvoient aux besoins les plus pressants du couvain; le reste de la population, hors d'état de rien faire dans la ruche, se groupe à l'extérieur ou sous le siége pour jouir de l'ombre, et passe ainsi tous les jours d'été dans une oisiveté forcée.

D'après cela, qu'on se représente un rucher bien

fermé de bons murs derrière et par côtés, et exposé au midi comme ils le sont presque tous. L'hiver, dans les jours où le ciel est sans nuages, les rayons du soleil frappent l'intérieur du rucher, se réfléchissent, se concentrent dans l'abri de cette cage murée, comme en un foyer, y excitent une chaleur sensible qui sort les abeilles de leur engourdissement, et réveille leur appétit qu'elles sont forcées de satisfaire.

Aussitôt que les froids deviennent moins rigoureux, la même cause produit un effet plus sensible encore. La reine pond un couvain prématuré qui périt de froid ; les abeilles, trompées par la douceur apparente de la température, prennent leur essor, rasent la terre couverte de neige, et tombent toutes, saisies par le froid, et bientôt après par la mort.

L'été, la chaleur devient suffocante pour elles, quand le soleil darde ses rayons dans le rucher. Leurs travaux sont presque entièrement suspendus jusqu'au retour d'une température plus favorable ; et c'est alors que, forcées de déserter la ruche, on les voit se grouper sous le siége et passer ainsi les journées à ne rien faire.

Dans les jours d'automne où le vent du nord règne, si le temps est beau, la concentration des rayons du soleil dans le rucher détermine aussi les abeilles à sortir en foule ; beaucoup sont frappées d'engourdissement par le froid, et trouvent la mort loin du foyer de chaleur qu'elles excitent par leur nombre dans la ruche.

Si, au contraire, les ruches sont placées en plein air, sous le simple abri d'une robe de paille, toutes ces influences mobiles et perfides de la température ne sont point à craindre pour les abeilles ; elles ne sont point égarées par une apparence trompeuse ; l'air qui le; environne n'est point réchauffé dans un récipient clos ; mais, ambiant et libre, il est partout ce qu'il est à l'entrée de la ruche. Les rayons abrités du soleil n'y pénètrent pas ; ils ne l'échauffent qu'autant qu'ils peuvent échauffer l'atmosphère, et de cette manière l'art ne trompe pas l'instinct.

Ainsi, plus grande consommation pendant l'hiver, perte d'un couvain prématuré, mortalité d'un grand nombre d'abeilles à la sortie de l'hiver et en automne, et suspensions fréquentes des travaux pendant les grandes chaleurs : voilà les inconvénients réels qu'offrent les ruchers.

Mais le plus grave de tous peut-être est celui qui résulte de l'oisiveté à laquelle la chaleur contraint les abeilles de se livrer ; ce qui se manifeste par le groupe qu'elles forment en dehors de la ruche ou sous le siége. C'est ce que les gens de campagne appellent *faire barbe* (1).

-----

(1) On ne doit point considérer comme désœuvrées les abeilles qui, dans les temps chauds, prennent leur repos

Cet effet n'a que deux causes : ou l'entière réplétion des magasins et le défaut d'espace suffisant pour la population, ou l'excessive chaleur qui existe dans la ruche. Les ruches en plein air, couvertes d'une robe de paille, ne font jamais barbe que dans le premier cas; et alors, en augmentant la capacité du vaisseau, l'agglomération disparaît, et on utilise l'activité de tant de milliers d'ouvrières. Les ruches placées dans les ruchers, au contraire, souvent ne font barbe qu'à cause de l'excessive chaleur qui s'y fait sentir; et en ce cas, c'est vainement qu'on en augmente la capacité, puisque ces ruches sont quelquefois très-légères et dépourvues de miel.

Je pourrais citer une multitude de faits confirmatifs de cette assertion; mais il me suffira de dire que des expériences de comparaison m'ont démontré que l'excédant de produit des ruches en plein air, couvertes d'une robe de paille, sur celles placées dans un rucher, est quelquefois d'un tiers, et peut s'élever au-delà dans les années de grandes chaleurs.

On me taxera sans doute d'exagération; mais,

----

hors de la ruche pendant la nuit, et jusqu'à l'heure du grand travail; mais celles qui restent groupées toute la journée quoique le temps soit beau. C'est sous ce dernier rapport que je les envisage, quand je dis qu'elles *font barbe*.

d'après une foule d'observations, je suis autorisé à regarder les ruchers murés comme un des fléaux des abeilles. Aussi les ruches qui y sont placées périssent-elles en grand nombre durant les hivers qui suivent les étés très-chauds. Les abeilles n'ont pu amasser du miel dans des magasins que la chaleur rendait inabordables pour elles; et fréquemment mises en mouvement l'hiver par le soleil auquel elles sont exposées, elles ont bientôt consommé leurs modiques provisions et meurent de faim.

Si telles sont les influences nuisibles des ruchers sur les ruches ordinaires, combien plus sensible encore en serait l'effet sur la ruche que je conseille, dans l'usage de laquelle, comme on le verra, le vide que l'on donne aux abeilles pour leur travail, se place toujours dans la partie supérieure, qui est celle où elles travaillent avec le plus d'ardeur, quand elles y jouissent d'une douce température, mais qui devient la plus inhabitable lorsqu'une chaleur trop considérable se fait sentir dans leur habitation.

Quelques auteurs ont si bien senti ces inconvénients, qu'ils ont cherché à donner au rucher une forme qui pût y parer. M. *Dubost*, entre autres, conseille de le placer en face du midi avec deux portes ouvertes, l'une au levant et l'autre au couchant, soit pour le courant de l'air, soit pour y ménager une espèce de corridor pour le desservir et pouvoir opérer les ruches par-derrière. De plus, tout le devant doit pouvoir se fermer par des volets qui se posent et se glissent comme ceux du devant d'une boutique, afin de dérober aux abeilles, pendant l'hiver, toute influence du soleil ; enfin, pour l'été, on dispose au-dessus de chaque étage des planches placées en tiroir, qu'on avance sur les ruches pendant l'ardeur du soleil, pour les mettre à l'ombre.

Mais pourquoi tant de machines pour imiter la nature ? Pourquoi concentrer des rayons de soleil d'une part et en détruire l'effet de l'autre, à force d'art ? Démolissez votre rucher, et vous aurez détruit les inconvénients, et vous n'aurez plus besoin d'y parer, et vous serez affranchi de l'assujettissante fonction de tirer tous les jours d'été vos planches sur vos ruches, à l'heure où le soleil y dirigera ses rayons.

Les ruchers présentent encore beaucoup d'autres inconvénients : ils servent de repaire, pendant le jour, aux papillons des teignes qui y affluent de toutes parts ; l'araignée y suspend ses filets ; les ruches en bois y sont sans abri contre le soleil qui les déforme, les fait éclater quelquefois, et ouvre des jours de tous côtés dans la jonction des parties qui les composent ; enfin, l'hiver, ils sont l'asile de toutes les souris et musaraignes du voisinage, qui ravagent les ruches dans lesquelles elles parviennent à pénétrer.

Il n'est donc pas douteux qu'au lieu de placer les ruches dans un rucher muré, il est plus avantageux de les établir dans les allées d'un jardin ou d'un verger, dans les avenues d'un parc, dans les champs clos, à deux mètres au moins de toute espèce de muraille, tourner leur entrée du côté du levant, et les couvrir d'un surtout de paille. On peut en disposer plusieurs rangs en échiquiers, ou les faire servir, par l'isolement de leur position, et la forme champêtre de leurs toits de paille, à l'embellissement des jardins paysagers.

Cependant, il faut le reconnaître, l'isolement des ruches a aussi ses inconvénients. Couvertes de leurs surtouts et espacées de manière à pouvoir aisément circuler autour, elles occupent une assez grande surface de terrain, qui est perdue pour la culture. Les gens pauvres seraient forcés de n'avoir que peu de ruches, et les riches eux-mêmes ne sacrifieraient qu'à regret la place nécessaire à un grand nombre. D'ailleurs, le propriétaire d'abeilles aime à avoir toutes ses ruches sous ses yeux : la surveillance en est plus facile. Enfin, un rucher a un air d'ordre et d'arrangement qui plaît, et qu'on ne rencontre point dans les ruches dispersées en plein air.

Pour satisfaire à ces idées, j'ai imaginé une forme de rucher réunissant toutes les commodités des ruchers ordinaires sans en avoir les inconvénients, produisant pour les ruches et pour les abeilles le même effet qu'un *grand surtout* qui, au lieu de ne couvrir qu'une seule ruche, les abrite toutes à la fois.

Voici les dimensions d'un grand rucher propre à contenir cent ruches.

Il occupera 20 mètres de longueur sur 1 mètre 50 centimètres de largeur, c'est-à-dire une surface de 30 mètres carrés.

Le devant sera formé de 11 poteaux de 2 mètres 50 centimètres de haut, et de 8 à 10 centimètres d'équarrissage, posés en ligne droite à 2 mètres de distance les uns des autres sur des dalles en pierre, afin de les préserver de l'humidité. Ils seront unis entre eux par une ligne de traverses dans le dessus, et par une autre ligne de traverses dans le bas à 30 centimètres au-dessus du sol. Le derrière sera formé de 11 autres poteaux posés à 1 mètre 50 centimètres des premiers, également sur des dalles en pierre, et aussi unis par deux lignes de traverses ; ils n'auront que 1 mètre 50 centimètres de hauteur, et se lieront avec ceux du devant par d'autres traverses qui, allant du sommet des uns au sommet des autres, auront une pente inclinée par-derrière de 85 centimètres, afin que le toit, qui sera en paille, ait la même inclinaison et fasse tomber les eaux de ce côté.

Sur le devant, et à fleur des poteaux antérieurs, on placera horizontalement, à 30 centimètres au-dessus du sol, des plateaux de 55 centimètres de large, destinés à recevoir le premier rang de ruches. Le bord antérieur de ces plateaux portera sur les traverses qui unissent les grands poteaux par le bas, et ils seront en outre soutenus en bout par d'autres petites traverses faisant office d'échelons, qui uniront les grands poteaux à des montants placés à 35 centimètres derrière eux. A 70 centimètres au-dessus de cette rangée de plateaux, on en disposera une autre rangée également à fleur des poteaux du devant, et qui serviront à porter le second rang de ruches.

Pour mettre les ruches à l'abri du soleil, on clouera contre les poteaux du devant, des lambris qui iront transversalement d'un poteau à l'autre, depuis la traverse supérieure jusqu'à 10 centimètres du plateau supérieur, laissant sur toute la longueur un vide de 10 centimètres de hauteur pour la libre entrée des abeilles. Chacun de ces lambris devra être légèrement recouvert par celui qui le surmonte. On place de la même manière des lambris depuis le plateau supérieur jusqu'à 10 centimètres du plateau inférieur : en sorte que tout le devant du rucher est fermé, sauf les deux vides de 10 centimètres de hauteur sur toute la longueur pour le libre abord des abeilles aux ruches du rang supérieur et du rang inférieur.

Le derrière du rucher est fermé par des liteaux qui se croisent diagonalement en losanges, et dont les extrémités sont clouées aux traverses du haut et du bas. Des plantes grimpantes peuvent être dirigées sur ce grillage en bois, ou bien on peut y palisser des arbres fruitiers ou de la vigne.

A chacun des côtés du rucher se trouve une ouverture qui permet d'y entrer et d'opérer les ruches par-derrière plus commodément qu'on ne le ferait en plein air, parce qu'on y est moins exposé aux piqûres des abeilles. A ces deux ouvertures on peut placer des portes fermant à clef, composées d'un simple châssis en bois, rempli, ainsi que le pourtour de leurs cadres, par un grillage en liteaux, semblable à celui qui clôt le rucher par-derrière. Le tout sera peint à l'huile.

Si on voulait un rucher propre à contenir 50 ruches seulement, on ne lui donnerait que 10 mètres de longueur; et 5 mètres pour 24 ruches.

Dans tous les cas, et quelles que soient ses dimensions, on devra l'établir au milieu d'un jardin ou d'un enclos, loin des murs, et tourné du côté du levant.

Un pareil rucher n'aura aucun des inconvénients des ruchers murés; l'air y circulera autour des ruches aussi librement que sous une robe de paille, et elles y seront tout aussi bien garanties de l'ardeur du soleil, des pluies et des neiges fouettées par les vents, surtout si on a l'attention de les retirer en arrière de quelques centimètres pendant l'hiver.

J'ai dit qu'il fallait donner aux ruchers, et en général aux ruches, l'exposition du levant, quoique presque tous les auteurs conseillent le midi, parce que j'ai observé que les influences nuisibles de la chaleur dans un rucher sont bien moins considérables lorsqu'il regarde le levant que lorsqu'il regarde le midi; que d'ailleurs les abeilles d'une ruche dont l'entrée est tournée vers l'aube matinale, vont en campagne, l'été, de bien meilleure heure que celles placées à une autre exposition, et qu'elles ont fait déjà quelquefois plusieurs voyages quand les autres songent seulement à sortir; ce qui est un grand avantage.

CHAPITRE II.

Ruches en général.

SECTION PREMIÈRE.

Matière des Ruches.

La manière dont on a généralement disposé les ruches jusqu'ici, c'est-à-dire l'usage des ruchers, a fourni l'occasion d'indiquer les matières qui convenaient le mieux pour la construction des ruches qu'on y plaçait. D'après le résultat d'expériences journalières, plusieurs auteurs ont conseillé la

paille ou les bois les plus poreux, et en ont donné
pour très-mauvaise raison, qu'ils étaient les plus
favorables à l'évaporation des exhalaisons humi-
des de la ruche. C'est une erreur de croire que le
plus ou le moins de porosité du bois ouvre une
issue plus ou moins facile aux vapeurs de la ruche :
le liége, le plus poreux des bois, n'est pas plus per-
méable à la transpiration des vapeurs que le bois
le plus compacte.

Il est cependant vrai de dire que les ruches de
la substance la plus poreuse sont en général plus
convenables aux abeilles, et j'ai cru m'apercevoir
que, placées sous un rucher, elles travaillaient
mieux dans la paille que dans le bois, dans le sapin que dans le chêne ; mais d'où vient cette différence ? des effets divers de la chaleur sur ces différentes matières. On sait que plus un corps est
compacte, plus il absorbe et retient de calorique
quand il est exposé à son action. Ainsi le fer s'é-
chauffe plus à l'ardeur d'un soleil d'été que le
chêne, celui-ci plusque le sapin, etc.; en sorte que
l'excessive chaleur dont j'ai parlé dans le chapitre
précédent, comme cause de la suspension du travail des abeilles en été, lorsqu'elles sont sous un
rucher, exercera une influence plus ou moins
grande sur les ruches, selon qu'elles seront de matière plus ou moins compacte (1).

____

(1) Les ruches de l'abbé *Della Rocca*, faites en terre

Mais placées en plein air, et revêtues d'une robe de paille qui les préserve du soleil et de la pluie, il n'y aura point de différence notable entre le produit des ruches de paille, de sapin, de chêne et même de terre cuite; parce que là, les travaux ne se ralentissent ou ne s'interrompent que par défaut de vide. Celles en bois auront même, sur celles en paille, l'avantage de mieux garantir, pendant l'hiver, les abeilles et leurs provisions, de l'humidité et de l'attaque des musaraignes.

Malgré l'égalité d'avantages entre les différentes sortes de bois, pour construire les ruches, lorsqu'on les place en plein air, les bois légers doivent être choisis de préférence.

SECTION II.

Forme des Ruches.

C'est ici la partie la plus importante de la culture des abeilles, et celle d'où dépendent tout le profit et tous les agréments qu'on peut s'en promettre. En vain on voudra avoir des abeilles et leur donner tous les soins que méritent ces admi-

---

cuite et encastrées dans un mur exposé u soleil, doivent être un séjour insupportable aux abeilles pendant tout le cours de l'été.

rables insectes; en vain on sera placé dans le
pays le plus favorable, le plus fécond en beau
miel; en vain les abeilles enrichiront leurs ruches
des trésors de la campagne: si on ne peut s'en
emparer sans les faire périr, ou qu'avec des difficultés et des inconvénients infinis; si on ne peut
plus les faire travailler quand elles ont rempli le
premier espace qu'on leur avait donné; si on ne
peut renouveler la vieille cire, et conserver ainsi
les ruches toujours jeunes; si on ne peut recueillir
le miel le plus pur et le plus frais, et cela sans
peine et en s'amusant; si on ne peut prévenir, par
un mode simple et facile de faire des essaims artificiels, la sortie des essaims naturels et leur perte
trop fréquente; si, en un mot, on ne peut exécuter
avec la plus grande facilité toutes les opérations
qu'on est dans le cas de faire subir aux abeilles,
on perdra tout le plaisir et tout le profit qu'on en
peut attendre.

J'ai donc toujours regardé la forme de la ruche
comme le point le plus important de l'éducation
des abeilles; et c'est à en perfectionner la construction et la manière de s'en servir, que j'ai donné
tous mes soins. J'ai voulu cumuler tous les avantages que j'ai rencontrés dans les diverses ruches
inventées jusqu'à ce jour, et parer à tous les inconvénients. Après les avoir toutes examinées et
scrutées séparément, je crois avoir rempli le but
auquel tendaient mes efforts.

Voici le problème que je me suis proposé : construire une ruche d'une forme telle qu'on puisse, par une méthode appropriée, 1° la dépouiller commodément et sans détruire les abeilles ; 2° la dépouiller en tout temps sans toucher aux gâteaux qui renferment le couvain ; 3° avoir un guide sûr pour borner les récoltes au superflu de la peuplade ; 4° donner du vide aux abeilles dans le moment de leur travail, afin qu'elles emploient toute la belle saison à l'ouvrage ; 5° enlever la cire à mesure qu'elle vieillit ; 6° recueillir le plus beau miel, qui est toujours dans le haut de la ruche, et le recueillir déposé dans des alvéoles purs qui n'ont jamais logé de couvain ; 7° former commodément des essaims artificiels ; 8° purger facilement la ruche des teignes qui pourraient l'infester.

Tels sont les principaux avantages que je me suis proposé de tirer de ma ruche ; mais ils ne sont pas les seuls, et il en est une foule de secondaires qui dérivent, comme on le verra, de sa construction.

Pour faire sentir tous les avantages que j'ai cumulés et tous les inconvénients auxquels j'ai remédié ; en un mot, pour démontrer la supériorité de ma ruche sur toutes celles dont on a jusqu'ici conseillé l'usage, je vais examiner rapidement celles qui sont les plus connues et les plus estimées.

Sans parler ici en particulier des ruches de

MM. *Palteau*, *Massac*, *Cuinghien*, *Boisjugan*, *Ducarne de Blangy*, *Beaunier*, etc., qui sont toutes la ruche à *hausses*, avec diverses modifications, ni de celles de *Mahogany*, de *Ravenel*, de l'abbé *Della Rocca*, et une foule d'autres qui ne sont pas usitées, je me bornerai à présenter quelques observations sur la ruche d'une seule pièce, sur celle de MM. *Gélieu*, *Féburier*, *la Bourdonnaye*, *Hubert*; sur celle à *hausses* et sur celle à *capote*, appelée *villageoise*, qui sont plus accréditées, surtout les deux dernières, dont l'usage est fort répandu.

§ I.

Ruche d'une seule pièce.

La ruche d'une seule pièce est assurément la plus ancienne et la première employée. La nature en a indiqué la forme aux premiers hommes qui ont voulu s'approprier des abeilles pour profiter de leurs travaux. Ces insectes, logés au milieu des bois, dans des troncs d'arbres creux, leur ont offert l'image des retraites qui leur convenaient.

Mais les abeilles, dans la propriété de l'homme, ne sont plus dans l'état de nature : abandonnées à elles-mêmes, elles n'ont besoin que des provisions nécessaires pour l'hiver; tributaires de l'homme, au contraire, elles doivent, outre leurs provisions, faire des récoltes pour leur maître; et il faut que celui-ci s'en empare sans leur nuire.

Qu'on ne croie pas que l'usage des ruches d'une seule pièce soit seul puisé dans la nature; celui des ruches composées de plusieurs appartements, n'a pas une autre origine. Combien d'essaims sauvages logés dans des troncs dont le vide, tantôt évasé, tantôt resserré dans son prolongement, offre une série d'étages placés les uns sur les autres! N'a-t-on pas vu le même essaim fixé dans de vieux murs ou dans des rochers, remplir de miel différentes cavités qui ne communiquaient entre elles que par de petites ouvertures?

Ainsi, la nature permet toutes les formes de logement à ces insectes quand ils travaillent pour eux seuls; mais le propriétaire qui veut partager avec eux, doit choisir celle qui lui offre le plus de commodité pour lever, sans leur nuire, l'impôt auquel il les assujettit, et pour leur prêter du secours dans toutes les circonstances qui en exigent.

Cependant, le plus grand nombre de ceux qui soignent des abeilles ne raisonnent pas ainsi: trompés par l'apparente indication de la nature, ils logent leurs essaims dans des troncs d'arbres creux ou dans des paniers d'osier recouverts de mortier, dans de grands vases de terre cuite, dans des ruches en paille qui ont la forme d'une cloche, ou enfin dans des caisses en bois, des seaux, et tout ce qu'ils rencontrent; puis, les abandonnant à elles-mêmes, ils ne les revoient une fois l'an que pour les détruire, ou leur prendre une partie de leurs provisions avec des peines infinies.

Mais si cette forme de ruche peut être bonne pour des abeilles libres et qui n'ont point de dettes à payer à l'homme, elle est à coup sûr la plus incommode et la plus funeste à celles qui sont dans un état de domesticité.

Le premier vice de ces ruches est leur invariable capacité. Il arrive presque toujours qu'elles sont trop vastes pour les premiers temps où l'essaim y est introduit, et que, la deuxième année, elles peuvent se trouver trop petites.

Si la ruche est trop petite, l'essaim qui l'habite l'a bientôt remplie de provisions; au bout d'un mois ou six semaines, tous les alvéoles disponibles et non occupés par le couvain sont pleins de miel, et la colonie, n'ayant plus de vide dans ses magasins, se groupe au-dehors de son habitation, et consume presque toute la saison du travail dans l'oisiveté: ce qui fait une perte immense pour le propriétaire. Il n'est même pas rare alors de voir ces insectes laborieux, entraînés par leur goût pour le travail, bâtir des rayons de cire sous le siége même de leur ruche. Quelle indication pour le propriétaire! Ne semblent-ils pas demander de nouveaux magasins à remplir? Et quel dommage

de ne pas seconder d'aussi favorables dispositions !

Si la ruche est trop grande, l'essaim ne prospère pas, les provisions ne s'y amassent point, et
rarement il passe l'hiver. Non que les abeilles se
dégoûtent et se découragent à la vue de tant de
vide à remplir, comme l'ont pensé bonnement
quelques auteurs frappés de la différence de travail entre un essaim placé dans une grande ruche
et celui placé dans une petite : ce fâcheux résultat
tient à une autre cause.

J'ai déjà dit que la chaleur est la vie de cet insecte délicat, et qu'un de ses grands soins est d'entretenir dans la ruche une chaleur toujours égale.
Plongez à différentes époques un thermomètre
dans une ruche, vous le verrez toujours monter
au même point, à deux ou trois degrés près. Les
abeilles ont la faculté d'entretenir ce degré toujours égal de chaleur, en se transportant en masse
dans les différentes parties de la ruche ; on prétend même que la qualité fermentescible du miel
mis en dépôt dans les alvéoles, leur sert à cet
usage (1). Ce qu'il y a de certain, c'est que par

---

(1) M. Dunosr, dans un ouvrage qu'il a publié sur les
abeilles, prétend que le miel ne leur sert que pour se procurer de la chaleur en excitant sa fermentation, et nul-
lement pour se nourrir pendant l'hiver. Le résultat de ses
expériences paraîtrait démontrer, en effet, que le miel

la faculté qu'elles ont d'accroître l'intensité du calorique, les abeilles, qui ne peuvent isolément résister aux plus légères fraîcheurs, parviennent, réunies, à surmonter les hivers de la *Norwège* et de la *Suède*.

C'est surtout dans le temps de la ponte de la reine et lors de la naissance du couvain, qu'elles redoublent de soins pour maintenir ce degré invariable de chaleur sans lequel les jeunes vers s'engourdissent et meurent. Mais pour pouvoir entretenir cet état, il faut que la ruche soit remplie de gâteaux, entre lesquels les abeilles laissent toujours l'espace invariable d'un centimètre, qui suffit pour

---

leur est d'un grand secours pour entretenir la chaleur dans la ruche. Car, baignant à la fois deux essaims, et plaçant l'un dans une ruche où il y a du miel en dépôt, et l'autre dans une ruche où il n'y a que de la cire, il a remarqué que les abeilles placées dans la ruche où il y a du miel, se sèchent et reprennent leur vigueur infiniment plus tôt que les autres.

Mais il est allé beaucoup trop loin, et il est certain que les abeilles mangent le miel. La seule chose qu'on pourrait induire de ses expériences, c'est qu'il leur sert à un double usage : les chauffer et les nourrir. Il y a même une raison matérielle qui doit produire le premier effet : c'est que les alvéoles des gâteaux étant remplis, il y a beaucoup moins de vide entre les constructions, et par conséquent plus de facilité pour y entretenir ou pour y exciter la chaleur.

la liberté de la circulation, et qui rapproche tellement les individus qui la peuplent, qu'ils peuvent porter ou réduire la chaleur au degré qui leur convient.

Il est aisé de concevoir, d'après cela, que lorsqu'une ruche est trop vaste, le vide qui reste au bas des constructions commencées laisse un libre accès à l'air atmosphérique, et rafraîchit la température qui doit régner sur le couvain; ce qui en fait beaucoup périr. L'espoir et le soutien de cet état naissant venant à manquer, la ruche ne se peuple pas, et les travaux languissent. Moins la ruche est remplie à l'approche de l'hiver, plus les influences de cette saison sont meurtrières pour les abeilles qui l'habitent, et très-souvent elles y succombent toutes, moins de faim que de froid.

J'ai vu des essaims faibles, dont la ruche n'était pas à moitié pleine de constructions, mourir entre des gâteaux pleins de miel; très-certainement ils étaient morts de froid.

Mais qu'une ruche soit bien remplie de constructions et suffisamment approvisionnée, elle résistera aux froids les plus rigoureux; et même les abeilles y consommeront d'autant moins, que la rigueur du froid leur permettra moins de s'écarter du foyer de la chaleur qu'elles excitent en s'agglomérant. Cette inaction n'éveillant pas leur appétit et les préservant de toute déperdition, il en résulte que leur consommation est nulle pendant la durée des grands froids.

Un autre vice des ruches d'une seule pièce est la difficulté d'en faire la récolte. Il n'y a que trois manières de la pratiquer : ou on étouffe les abeilles, ou on enlève une partie des gâteaux, ce qui s'appelle *tailler*, *couper* ou *dégraisser* les ruches ; ou enfin on les fait passer dans un vaisseau vide, ce qui s'appelle *transvaser*.

Quant au premier moyen, généralement employé dans beaucoup trop de pays, il n'est pas besoin d'en faire sentir l'abus et les effets désastreux aux gens capables de raisonner. Pour y procéder, on choisit quelques-unes des ruches les plus pesantes et les plus vieilles, on allume du soufre, on pose ces ruches dessus, et on les entoure subitement de terre ; par cette opération barbare et peu profitable, on étouffe le quart ou le cinquième des ruches ; et c'est en détruisant ces laborieux insectes qu'on s'empare de leurs richesses.

La seconde méthode, moins cruelle en apparence, est tout aussi pernicieuse dans ses résultats. C'est, comme dit *Palteau*, une véritable expédition militaire. Après s'être cuirassé contre les aiguillons, on enfume la ruche avec un chiffon fumant, pour forcer les abeilles à se réfugier dans la partie supérieure ; puis on la renverse l'ouverture en haut, et alors, avec un couteau fait exprès et plus ou moins d'adresse, on coupe les gâteaux

qu'on veut enlever; l'instrument se porte où sont
les abeilles pour détacher les rayons; on écrase,
on englue de miel cette malheureuse peuplade, et
quelquefois même la reine peut se trouver au
nombre des victimes. On enlève beaucoup de gâteaux, mais très-peu de miel; car il est toujours,
et surtout le plus beau, dans le dessus de la ruche,
où l'on ne peut le prendre, à moins d'écraser
toutes les abeilles et d'enlever toutes les constructions.

Cette opération ne peut pas se faire dans le courant de la belle saison, parce qu'alors le couvain
est répandu dans toutes les parties de la ruche, et
qu'en détruisant le soutien de l'état et les individus
qui doivent remplacer les morts journalières, on
détruirait l'état lui-même. Il n'est pas possible
non plus de la faire à l'approche de l'hiver; ce serait ôter les vivres aux abeilles dans le moment où
elles vont en user; et d'ailleurs ce serait permettre
une libre entrée dans la ruche au froid, qui leur est
toujours mortel, et les empêcher d'user des moyens
que la nature leur a donnés pour y résister.

Ce n'est donc qu'au printemps que cette taille
peut se faire, pour ne pas exposer les ruches aux
plus grands dangers de périr; mais, à cette époque
même, que de désastres résultent de cette opération! Dès le mois de février, la reine a commencé
sa ponte et a déposé, dans le fond des alvéoles vides, des œufs d'une petitesse extrême; en mars, où

se fait la taille, on enlève, dans les gâteaux dont on dépouille la ruche, des milliers de ces œufs, d'où devraient naître les premiers essaims. Aussi, les ruches auxquelles on fait cette opération cruelle donnent peu d'essaims et toujours tard, tandis que des essaims hâtifs produiraient deux fois plus que ceux qui viennent un mois ou même quinze jours après.

Rien n'est donc plus contraire à la multiplication des abeilles et au but que l'on se propose dans leur éducation, que l'habitude de les tailler; il n'en faudrait pas davantage pour faire proscrire cette opération, et il n'est pas étonnant qu'en la comparant à celle qui consiste à étouffer une partie des ruches, on soit tenté de préférer cette dernière dans beaucoup de pays. Car, en effet, les essaims que produisent les ruches conservées intactes, sont nombreux et précoces.

D'un autre côté, en agrandissant par la taille le vide des ruches, à une époque où les nuits et les matinées sont souvent très-froides, le couvain qui reste après l'opération ne peut pas être maintenu aussi facilement par les abeilles à ce degré invariable de chaleur qui lui est indispensable; et les abeilles en souffrent beaucoup elles-mêmes.

Enfin, si les fleurs tardent à paraître ou que les temps soient mauvais, la disette se fait sentir dans les ruches *taillées*, qui périssent si on ne leur donne des vivres.

Quant au transvasement employé dans certains pays pour récolter les ruches d'une seule pièce, il consiste à faire passer toutes les abeilles dans une ruche vide, soit à l'aide de la fumée, soit en abouchant la ruche vide sur la pleine renversée, et en frappant cette dernière avec les mains, pour forcer la reine et les abeilles à monter dans le vaisseau vide.

Il est aisé de concevoir que par ce procédé, qui ne peut être mis en usage que dans le temps du grand travail des abeilles, on perd tout le couvain qui se trouve dans la ruche dont on s'empare, ce qui est un grand mal. Mais, d'un autre côté, il arrive souvent que les essaims ainsi transvasés dans une ruche dénuée de tout, n'y restent point ou qu'ils y périssent de froid et de misère, sinon au moment même, au moins pendant l'hiver.

Quelque défectueuse que soit cette dernière méthode de récolter les ruches d'une seule pièce, ce serait encore celle à laquelle je donnerais la préférence; mais, pour la faire avec le moins d'inconvénients possibles, il est nécessaire que les ruches réunissent quelques conditions: il faut 1° qu'elles aient essaimé deux fois et de très-bonne heure, c'est-à-dire que le deuxième essaim soit sorti avant le milieu de juin; 2° que le transvasement soit fait trois ou quatre jours après la sortie du deuxième essaim.

De cette manière il y aura très-peu de couvain

sacrifié, et les abeilles transvasées auront encore le temps de faire de bonnes provisions dans leur nouvelle ruche.

Il y aura très-peu de couvain sacrifié, parce qu'aucune ponte n'ayant été faite dans la vieille ruche depuis le départ du premier essaim, presque tout le couvain qui s'y trouvait sera éclos au moment du transvasement, et que le peu qui restera encore au berceau sera en grande partie du couvain de faux-bourdons, plus long à éclore que l'autre, et inutile à conserver. Par ce moyen, la ruche sera entièrement régénérée, mais on retirera peu de miel des gâteaux de la vieille ruche.

Ainsi, de quelque manière qu'on s'y prenne avec les ruches d'une seule pièce, la récolte ne peut y être faite avec commodité et sans de très-grands inconvénients.

On a cru long-temps que ces ruches n'étaient pas propres à former des essaims artificiels; mais on a trouvé le moyen de les faire avec autant de facilité que leur forme peut le permettre. Pour cela, au moment du travail des abeilles, où un grand nombre d'entre elles sont en campagne, on détache, avec le couteau qui sert à la taille, un gâteau dans le milieu de la ruche dont on veut extraire un essaim. On assujettit ce gâteau dans une ruche vide, par le moyen de deux petits bâtons qui entrent avec gêne; on porte la ruche mère à quelques pas, et on met celle-là à la place. Toutes les abeilles qui sont en campagne au moment du déplacement de la ruche mère, rentrent dans celle où l'on a disposé le gâteau, et forment une reine avec le couvain qui s'y trouve. Une partie des abeilles qui sortent le lendemain de la mère ruche, va grossir l'essaim.

Cette méthode de former les essaims commence à se répandre dans quelques pays où des gens qui courent les campagnes se chargent de les faire moyennant une rétribution. Elle est tout aussi sûre qu'une autre, quand on y procède à temps, c'est-à-dire après la grande ponte des faux-bourdons.

On doit ranger au nombre des inconvénients de cette ruche, l'impossibilité de s'y procurer du miel pur et frais, déposé dans des alvéoles également frais, qui n'aient jamais logé de couvain ; l'impuissance de renouveler la cire placée dans le haut, qui vieillit, se gâte et finit par dégoûter les abeilles ; la difficulté de les visiter intérieurement pour connaître leur état, celle d'y détruire les fausses-teignes lorsqu'elles s'en sont emparées, celle d'y nourrir les essaims faibles pendant l'hiver. Enfin, qu'on me cite un seul avantage que procure cette forme de ruche, et je passe condamnation sur tous les inconvénients que je viens de lui reprocher.

§ II.

Ruche de Gélieu.

M. *Gélieu*, pasteur à Lignières en Suisse, conseille l'usage d'une ruche composée de deux boîtes, ayant 16 centimètres à chaque face, sur 52 centimètres de hauteur, placées à côté l'une de l'autre, de manière qu'elles communiquent par des ouvertures pratiquées dans les côtés qui s'accolent. Les abeilles remplissent de constructions les deux boîtes comme deux ruches séparées ; de telle sorte que chacune contient du miel dans le dessus, du couvain dans le milieu, et des rayons vides dans le bas.

On vante cette ruche comme très-propre à former des essaims artificiels, et c'est même pour cet objet qu'elle a été principalement inventée ; mais je puis certifier qu'elle ne remplit point son but ; tous ceux qui ont cherché à former des essaims artificiels par son secours, ont rarement réussi ; je connais, entre autres, deux amateurs fort entendus dans la culture des abeilles, qui, dans l'espace de huit ans, sont parvenus à faire seulement trois ou quatre essaims sur une douzaine d'essais par année.

Pour opérer, on sépare au mois de mai les deux boîtes pleines, afin d'en faire deux ruches, en leur accolant à chacune une boîte vide ; la reine qui est dans l'une des deux boîtes pleines, forme une ruche avec les abeilles qui s'y trouvent ; et celles qui sont dans l'autre boîte sans reine, sont censées en faire une avec de jeunes vers femelles qu'elles doivent avoir dans leur compartiment ; ce qui fera une autre ruche.

Mais qu'arrive-t-il ? que quelquefois la reine, après avoir fait sa grande ponte de mâles dans une des deux boîtes, passe dans l'autre pour y commencer une ponte d'ouvrières, et que, si à cette époque on sépare les deux parties, celle qui n'a point de reine est dans l'impossibilité de s'en procurer une. Que s'il y a du couvain d'ouvrières dans les deux boîtes, la reine se trouve presque toujours dans celle où elle a déposé le plus nouveau couvain ; et l'autre contenant du couvain trop âgé pour en former une reine, l'opération devient infructueuse.

Pour réussir, il faut donc absolument saisir le moment où la reine vient de quitter l'une des boîtes, où elle a déposé du couvain d'ouvrières, pour passer dans l'autre ; ce qu'il est impossible de savoir.

Mais fût-on assez heureux pour saisir ce moment, l'opération est encore très-chanceuse. En effet, on a tenté deux moyens de faire des essaims artificiels avec cette ruche : ou on sépare peu à peu les deux boîtes en les éloignant tous les jours d'un ou deux centimètres; ou on porte sur-le-champ l'une d'elles dans une autre partie du rucher. Dans le premier mode, les abeilles soignent le couvain des deux boîtes tant que celles-ci sont assez rapprochées pour les tenir à proximité de leur reine, et laissent même passer l'âge auquel les jeunes vers seraient propres à recevoir l'éducation royale; et quand l'éloignement devient trop considérable, elles abandonnent le couvain pour rejoindre leur reine.

Dans le second mode, si la boîte déplacée se trouve être celle qui ne contient pas la reine, toutes les abeilles déserteront pour la rejoindre. Il faut donc, pour espérer quelque succès, emporter la boîte où est la reine; mais à quoi la reconnaître?

On pourrait obvier à cette incertitude en donnant quelques petits coups contre celle des deux boîtes où l'on voudrait attirer la reine. Et encore ce moyen, très-efficace quand la reine trouve un libre passage pour se porter dans l'endroit où la percussion s'est fait sentir, pourrait-il échouer dans ce cas, où, pour passer d'une boîte à l'autre, elle est obligée d'en parcourir presque tous les gâteaux et de chercher par côté des passages détournés.

On ne peut donc parvenir à former artificiellement des essaims avec cette ruche, que dans une réunion de circonstances dont le hasard seul peut offrir le concours.

Rien n'est plus facile que la récolte de cette ruche : le soir on éloigne de quelques centimètres
les deux boîtes qui la composent, et toutes les
abeilles qui sont dans celle où n'est pas la reine,
vont la rejoindre ; le lendemain cette boîte se trouve
dégarnie d'abeilles et on s'en empare.

On conçoit que cette récolte ne peut se faire que
quand il n'y a plus de couvain dans la ruche, c'est-
à-dire dans le mois de novembre ; parce que, d'une
part, les abeilles ne quitteraient point si vite s'il y
avait du couvain, et que, d'un autre côté, ce serait dommage de le détruire.

Mais il y a encore ici bien des inconvénients :
1° le miel que l'on récolte, ayant passé l'été et l'automne dans la ruche, où il s'est imprégné des exhalaisons que produit la masse des abeilles, n'est
point frais, a un goût fort âcre, et se trouve déposé dans de la cire noire qui a souvent plus de
deux ans ; ce qui ne contribue pas peu à lui donner une mauvaise qualité ; 2° si la reine se trouve
deux ou trois fois de suite dans la même boîte à
l'époque de la récolte, il arrive que la cire de cette
boîte ne se renouvelle point, qu'elle contracte une
mauvaise odeur et finit par se gâter ou par devenir la proie des fausses teignes ; 3° si la ruche est
habitée par un fort essaim ou que l'année et le pays
soient abondants en miel, cette ruche peut être entièrement pleine dans six semaines ou deux mois ; et
non-seulement le propriétaire perdra ainsi tout le

fruit d'un travail dont les abeilles ne pourraient héberger le produit, mais encore à l'automne il enlèvera à une ruche très-peuplée la moitié de ses provisions, lorsque la totalité, fort modique à cause du défaut d'espace, suffirait à peine à ses besoins; 4° il est presque impossible de détruire les fausses-teignes qui s'y seraient logées, sans perdre la ruche.

§ III.

Ruche à la Bosc.

Au moment où s'imprimait la première édition de cet ouvrage, il a paru un nouveau traité sur les abeilles, dans lequel l'auteur, M. *Féburier*, donne sur toutes les ruches connues la préférence à une ruche qu'il appelle *ruche à la Bosc*, et qui n'est autre chose que celle de *Gélieu*, à laquelle il a fait des modifications qui semblent prévenir tous les inconvénients que je viens de lui reprocher, et qui très-certainement en préviennent une partie.

Cette ruche ne forme point un parallélipipède comme celle de *Gélieu*, mais le devant et le derrière se rapprochent insensiblement, sans cependant se rencontrer, depuis le bas jusqu'à la couverture, qui est inclinée en devant pour diriger l'écoulement des vapeurs condensées vers l'entrée de la ruche. Elle est divisée, comme celle de *Gélieu*, en deux parties sur la largeur, sans aucune cloison qui les sépare; de manière que les deux parties réunies forment une ruche en apparence d'une seule pièce. On place dans l'une de ces parties, à un demi-centimètre du bord, du côté où elles s'unissent, un morceau de rayon qui servira à diriger le travail des abeilles, afin que, la division des deux parties se trouvant dans l'intervalle de deux rayons, on puisse séparer les deux pièces sans déchirures, et afin que les autres gâteaux construits parallèlement au premier, n'aient aucune adhérence avec les côtés de la ruche, qui sont mobiles et peuvent s'ouvrir à volonté. Le vaisseau est traversé du devant au derrière par plusieurs baguettes, pour soutenir les rayons.

Les inconvénients que la division des deux boîtes entraîne dans la ruche de *Gélieu*, ne sont point à craindre avec celle-ci; les deux parties séparables ne font pas deux appartements distincts, dans lesquels la reine n'alterne sa ponte qu'à des intervalles éloignés; mais cette ruche ne formant intérieurement qu'une seule pièce, susceptible néanmoins d'être partagée, le couvain de tous les âges est nécessairement réparti dans chaque moitié avec une égalité parfaite, et l'on n'a point à redouter avec elle les échecs si justement reprochés à celle de *Gélieu*, dans la formation des essaims artificiels. Je vais même jusqu'à croire qu'il n'est pas possible d'en manquer un seul, lorsqu'on les fait à temps, c'est-à-dire six ou huit jours après la première sortie des faux-bourdons.

Mais la ruche à la *Bosc* promet-elle un succès et une facilité semblables dans les autres opérations? Je déclare d'avance que, ne l'ayant pas expérimentée, il m'est impossible d'en parler ici autrement que par des conjectures fondées sur la connaissance de ce qui se passe dans les ruches. M. *Féburier*, qui paraît n'avoir écrit que dans la vue de perfectionner la culture des abeilles, et qui déclare franchement n'épouser de système que celui de la vérité, me pardonnera sans doute des objections faites dans le même esprit; je veux parler des inconvénients que sa ruche semble présenter dans la récolte, contre laquelle il a bien pressenti que se dirigeraient les objections.

D'après l'auteur, on ne doit faire de récoltes qu'après l'essaimage et avant l'automne. Voici comment on opère : on enfume la partie par laquelle on veut commencer la taille, pour faire passer les abeilles dans l'autre; après quoi on ouvre la ruche, et on ferme momentanément avec une planchette le côté découvert de la partie où sont les abeilles. On emporte l'autre dans un endroit clos, et là on coupe les rayons ou parties de rayons qui contiennent le miel, avec l'attention de ménager ceux où est le couvain; puis on reporte cette partie à sa place et on opère de même sur l'autre.

Voici ce que j'objecte :

1° Si la fumée est en général un moyen sûr pour écarter les abeilles, elle ne réussit pas ordinairement à les chasser des gâteaux qui contiennent du jeune couvain, près duquel elles s'obstinent à rester. Or il y a toujours du couvain dans les deux parties à l'époque où l'on opère ; ce couvain doit, malgré la fumée, fixer près de lui un grand nombre d'abeilles qui embarrassent l'opérateur dans la taille.

2° Comme on n'enlève que le miel qui est dans la partie supérieure des rayons, et qu'on ménage le couvain qui est au milieu, en coupant les rayons, il dégoutte nécessairement sur les portions inférieures des gâteaux une grande quantité de miel qui entre dans les alvéoles occupés par le couvain, noie les vers qui s'y trouvent, et englue les abeilles restées dans cette partie.

3° La récolte ne devant se faire que dans l'intervalle de l'essaimage à l'automne, le couvain abonde alors dans la ruche, et se trouve dispersé dans la partie moyenne de tous les gâteaux ; à peine aux approches de l'automne le rayon le plus près des côtés mobiles de la ruche en est-il entièrement dépourvu. On enlèvera avec assez de facilité, dans chaque moitié, la partie supérieure du rayon du centre et de celui placé immédiatement vers le côté mobile ; mais leurs parties moyenne et inférieure, conservées à cause du couvain, feront obstacle à ce qu'on taille commodément ceux placés derrière eux. Quelquefois, il est vrai, le rayon le plus près du côté mobile, se trouvant dégarni de couvain, pourra s'enlever, et alors on prendrait encore aisément la partie supérieure du rayon qui lui est adjacent. Mais, dans tous les cas, le milieu de tous ces gâteaux contenant toujours du couvain dans le temps fixé pour la taille, la cire, qui y vieillit promptement par la fréquence des pontes, ne peut pas s'y renouveler, ce qui est un très-grand mal ; à moins d'en perdre le couvain, ce qui serait un mal non moins grand ; ou d'en faire la taille à une autre époque que celle déterminée par M. *Féburier*, ce qui serait toujours un mal, puisque plus tôt, on serait encore exposé à détruire le couvain que la reine aurait déjà pu pondre dès le mois de février, et que très-certainement l'essaimage en serait retardé ; que, plus tard, ce serait établir, entre les rayons, des lacunes funestes aux abeilles pendant l'hiver.

4° La nécessité d'expulser d'abord les abeilles d'une partie de la ruche, de l'emporter, de la tailler en ménageant le couvain, de la replacer, d'y faire passer les abeilles, puis d'opérer à son tour l'autre partie de la même manière, complique, surcharge cette opération, ne la rend praticable que par des mains exercées, et doit lui faire préférer celle qui s'exécute avec la ruche *villageoise* de M. *Lombard*, ou toute autre ruche semblable qu'on récolterait en enlevant simplement une partie du vaisseau, ne contenant que du miel, pour en faire la dépouille à loisir, et en y substituant une partie vide.

Ces inconvénients, que je ne reproche au reste que par conjectures, n'empêchent pas que cette ruche, peu coûteuse, soit une des meilleures qu'on ait proposées jusqu'à ce jour, par sa commodité et son infaillibilité pour l'essaimage artificiel; et la pratique judicieuse qu'en conseille M. *Féburier*, fondée sur une saine théorie, ne peut manquer d'améliorer la culture des abeilles.

§ IV.

Ruche de la Bourdonnaye.

M. *Ducouëdic* a fait insérer en octobre 1806, dans le journal d'*Economie rurale et domestique*, un article sur les abeilles, dans lequel il conseille l'usage de la ruche *écossaise* de M. de la *Bourdonnaye*, et il présente un calcul si avantageux de ses produits, qu'il a dû provoquer plusieurs personnes à en faire l'essai. C'est une ruche ou plutôt deux ruches de 52 centimètres de diamètre dans toute leur hauteur, qui est de 30 centimètres pour chacune; elles sont recouvertes toutes deux d'un plancher en paille, percé sur le devant d'un trou de 4 centimètres carrés. Ces deux ruches sont placées l'une sur

l'autre, et la supérieure couverte d'une planche
que l'on charge d'une pierre. Le premier mai, on
enlève le panier du dessus et l'on en place un vide
sous celui qui reste; le premier juin, on répète la
même opération, en enlevant toujours le panier
du dessus plein de provisions; de même au premier juillet, au premier août, et au premier septembre en certains cas. L'hiver on laisse deux paniers l'un sur l'autre, et on leur donne un quarteron
ou demi-livre de gros sucre en cas de disette.

Ce procédé, dont je n'ai pas fait l'essai, est le
plus simple que l'on puisse imaginer. M. *Ducouëdic*
prétend qu'avec ce moyen on empêche les ruches
d'essaimer, et qu'on les maintient fortes, jeunes et
vigoureuses.

Mais ce produit me paraît bien exagéré, et il est
peu de pays capables de produire d'aussi abondantes récoltes de miel : car on sait que l'abondance
du miel dépend du climat, et non de la forme de
la ruche. D'ailleurs, le miel déposé dans les paniers
que l'on enlève, est emmagasiné dans des rayons
qui ont contenu du couvain et du pollen, ce qui
le rend infiniment moins beau. Et comme, dans
les récoltes, on prend toujours tout celui que contient la ruche, les dernières prises doivent la mettre
dans une disette absolue à laquelle ne peuvent sub-
venir des approvisionnements placés dans le bas
de la ruche, où le froid ne permet pas aux abeilles
de descendre sans danger.

M. *Ducouëdic* ne parle pas du couvain ; je suis sûr qu'il s'en trouve une très-grande quantité dans tous les paniers supérieurs que l'on enlève, et que c'est la raison pour laquelle ces ruches n'essaiment pas. Au reste, l'effet d'empêcher les essaims, que l'éditeur offre comme un avantage, étant au contraire le plus grave de tous les inconvénients, il n'en faudrait pas davantage pour faire rejeter cette ruche, et même pour en faire défendre l'usage : car, loin de s'opposer à la multiplication des abeilles, il est de l'intérêt public de peupler nos campagnes de ces insectes laborieux, pour nous éviter le besoin d'acheter de la cire, hors du royaume, pour trois ou quatre millions par an, tandis qu'il ne nous manque que des ouvrières pour être dans le cas d'en vendre à nos voisins.

§ V.

Ruche de M. Hubert.

La ruche de M. *Hubert* se compose d'une certaine quantité de cadres placés à côté les uns des autres, dans une situation verticale, de manière qu'ils forment une caisse qu'on ferme des deux côtés par deux planches de la dimension juste des cadres ; le tout s'attache avec des ficelles ou de toute autre façon.

Le cadre, fait en bois de sapin, a 52 centimètres de haut, autant de large ; et 5 centimètres et demi juste d'épaisseur ; ils ont tous un trou rond dans la partie inférieure du devant, qu'on ferme avec un bouchon de liége, excepté ceux des deux cadres qui forment le milieu de la ruche.

Chaque cadre est destiné à contenir un rayon, de manière que les cadres puissent se séparer et s'ouvrir dans l'intervalle que les abeilles laissent entre leurs rayons, et qui est, comme on sait, d'un centimètre. Pour déterminer les abeilles à travailler dans le plan des cadres, on place dans la partie supérieure de chacun un morceau de gâteau que les abeilles prolongent par leurs constructions, et qui, par conséquent, sert à les diriger. Quand on veut augmenter la capacité des ruches, on glisse des cadres vides entre les cadres de la ruche. Si l'on veut enlever du miel, on prend un ou plusieurs cadres, et on en substitue de vides. On peut visiter commodément l'intérieur de la ruche, connaître son état, et juger s'il est à propos de former des essaims artificiels. Pour y procéder, on ne fait que séparer la ruche en deux, en mettant dans le milieu deux planches comme celles qui ferment les deux côtés de la ruche ; on ferme les deux trous du milieu qui servaient d'entrée aux abeilles, et on débouche ceux des deux cadres les plus éloignés, de manière que chacun serve d'entrée à chacune des deux ruches, et que ces entrées soient tellement distantes que les abeilles des deux divisions ne puissent avoir entre elles aucune communication. Les deux parties restent ainsi accolées, jusqu'à ce qu'on soit sûr que les abeilles de la moitié de ruche qui n'avait pas de reine, s'en soient procuré une. Alors on en fait définitivement deux ruches, et on leur donne une certaine quantité de cadres vides entre les pleins. Si l'opération ne réussissait pas, on enlèverait les séparations des deux ruches, et on rendrait l'essaim à sa mère, avec l'attention toutefois d'enfumer les abeilles, pour éviter des combats destructeurs.

Outre ces avantages que M. *Hubert* annonce appartenir à sa ruche, il en est un très-important selon lui, c'est d'avoir la faculté d'interposer des cadres vides entre ceux qui composent la ruche, et de forcer par ce moyen les abeilles à travailler en cire, pour maintenir l'espace d'un centimètre auquel elles ont soin de réduire la distance qu'elles laissent entre leurs gâteaux : ce qui, vu le prix de la cire, fait un très-grand profit, si l'on en croit M. *Hubert*.

On ne saurait disconvenir que cette ruche présente quelques avantages, si elle peut être mise commodément en pratique. Je ne l'ai jamais expérimentée, mais je connais des amateurs qui l'ont employée, et qui prétendent que les abeilles suivent rarement la direction de travail qu'on leur donne ; de sorte qu'il est impossible de l'ouvrir sans déchirer tous les gâteaux qui sont placés entre les joints des cadres : ce qui jette un grand désordre dans la ruche, et en rend la récolte excessivement pénible, pour ne pas dire impraticable (1). Ce qu'il y a de certain, c'est que si les abeilles donnent ordinairement deux centimètres et demi d'épaisseur environ à leurs gâteaux, avec la distance d'un centimètre entre chacun, pour la commodité de la desserte, il arrive très-souvent qu'elles soudent ensemble deux gâteaux lorsqu'elles les remplissent de miel, parce qu'alors la facilité des communications n'est plus aussi nécessaire dans cet endroit, où il n'y a point de couvain qui appelle continuellement leur présence.

Mais, sous divers rapports, la récolte de cette espèce de ruche offre des inconvénients : les gâteaux que l'on enlève pour avoir du miel contiennent nécessairement du couvain dans leur partie moyenne ; ce qui oblige d'attendre, pour faire la récolte, qu'il n'y ait plus de couvain, ou de laisser dans les cadres la portion des gâteaux qui le contient, et de remettre ces cadres en place. Qu'on joigne à cela la complication de la ruche, l'adresse qu'exige son emploi, la préparation qu'il faut à chaque cadre avant de l'adapter à la ruche,

----

(1) M. *Serain* assure en avoir mis en expérience quinze à la fois, et que les abeilles ne suivirent point la direction qui leur était tracée pour la construction des rayons.

et, par-dessus tout, la situation ordinairement oblique des rayons, et leurs fréquentes soudures dans la partie qui contient le miel; on sera peu tenté d'en faire usage.

Quant à l'avantage résultant de ce qu'on peut forcer les abeilles à travailler en cire, il me paraît non pas seulement nul, mais négatif. Qu'on ne s'y trompe pas, ce ne sont pas les récoltes de cire qui font le profit du propriétaire, mais bien celles de miel. D'après M. *Hubert* lui-même, les abeilles mettront un mois environ à remplir de cire une demi-douzaine de cadres; ce qui fera un poids d'un ou deux hectogrammes au plus, qui, à raison de 5 fr. le kilogramme, produira 60 centimes de bénéfice; tandis que, dans le même espace de temps, une bonne ruche pourrait ramasser au moins six kilogrammes de beau miel, qui, à 2 francs, le kilogramme, donneraient un produit de 12 francs. Il n'y a donc certainement là aucun avantage.

La seule commodité réelle qu'offrirait peut-être cette ruche, en admettant qu'elle puisse être mise en pratique, comme l'avance son inventeur, c'est le plaisir d'observer à volonté le travail des abeilles, en l'ouvrant, et la facilité de former des essaims artificiels qui doivent rarement y manquer; car en séparant la ruche en deux, chaque partie doit nécessairement contenir du couvain propre à recevoir l'éducation royale.

§ VI.

Ruche à Hausses.

La ruche à hausses, composée de boîtes placées les unes sur les autres, a subi, dans les ruchers des amateurs, une multitude de modifications quant à sa construction; mais aucune jusqu'ici quant à la manière de s'en servir. On a conseillé tour-à-tour le bois et la paille pour la construire; tantôt on l'a composée de deux hausses seulement, tantôt de trois, tantôt enfin d'un nombre indéterminé, mais proportionné à la population de l'essaim. Toutes ces diverses méthodes sont néanmoins d'accord sur ce point, que quand la ruche est pleine, on enlève la hausse supérieure et on en met une vide par-dessous.

Cette ruche, telle qu'elle a été simplifiée par les derniers auteurs, est composée de boîtes carrées appelées *hausses*, ayant 27 centimètres dans œuvre, et 8 à 11 centimètres de hauteur, sans fond ni plancher, placées les unes sur les autres en tel nombre que l'on veut, suivant la capacité qu'on juge à propos de donner à la ruche, et attachées entre elles par des crochets et des pitons en fil de fer, ou par des ficelles qu'on tourne autour des extrémités saillantes de deux baguettes placées en

croix dans le dessus de chaque boîte. La couverture
de cette ruche est une planche qui la ferme par le
haut; l'entrée est une entaille pratiquée dans l'é-
paisseur de la table sur laquelle pose la ruche, ou
bien on l'élève tout autour sur des cales de 3 à 4
lignes, de manière que les abeilles peuvent entrer
de tous les côtés.

Lorsque le premier vide donné aux abeilles se
trouve rempli, on augmente la capacité de la ruche
en mettant une hausse vide dessous. Pour récolter,
on commence par placer une hausse vide dans le
bas, et après avoir enfumé les abeilles par le haut
pour les faire descendre, on passe un fil de fer entre la hausse supérieure et celle sur laquelle elle
est posée, afin de couper les rayons, et on enlève
cette hausse; après quoi on recouvre la ruche de
sa couverture.

De cette manière, chaque hausse, placée d'a-
bord dans le bas, où les abeilles y fabriquent des
rayons de cire, arrive à son tour au milieu, où ces
rayons reçoivent du couvain, et parvient au-dessus,
où ils sont remplis de miel, puis enlevés.

Pour faire un essaim artificiel, on choisit un
moment où un grand nombre d'abeilles est en
campagne; on enfume celles qui sont dans la ruche pour les contraindre à se retirer avec la reine
dans le haut; cela fait, on sépare la ruche en deux
avec le fil de fer; on porte la partie supérieure à

l'endroit qui lui est destiné, et on remet une couverture sur la partie inférieure restée en place.

Cette ruche est avantageuse, en ce qu'elle fournit le moyen de donner du vide aux abeilles dans le moment du travail, de les dépouiller sans les détruire et dans le temps où elles peuvent remplacer ce qui leur est enlevé, de former des essaims artificiels, et surtout de renouveler la cire à mesure qu'elle vieillit; mais elle a les inconvénients que voici :

1° Comme les rayons de cire montent successivement du bas au dessus, le miel qu'on récolte dans le haut de la ruche est renfermé dans la cire la plus vieille, laquelle est ordinairement noire et dégoûtante.

2° Ces rayons, en passant par le centre, ont reçu du couvain et du pollen; ce qui communique au miel beaucoup d'âcreté, joint à ce qu'il est renfermé dans des alvéoles déjà rances de vétusté.

3° Cette récolte se fait au moyen d'un fil de fer qui, en coupant les rayons, fait couler le miel dans la ruche, englue les abeilles et empêche que l'opération puisse être faite avec propreté.

4° Comme, pour faire des essaims artificiels, il faut diviser la ruche en deux, on passe le fil de fer dans une partie qui renferme du couvain, et tous les vers et nymphes qui se trouvent sur son passage sont écrasés et coupés; ce qui offre une scène de destruction aussi désagréable que désastreuse; sans compter que le déblai de ces cadavres occupe long-temps les abeilles, et que leur putréfaction peut leur nuire et les dégoûter.

Telle est la ruche à *hausses*, qui, malgré les changements divers qu'elle a subis jusqu'ici dans sa forme, n'a cessé de présenter les inconvénients que je viens de lui reprocher. Celle que je publie aujourd'hui, n'en est elle-même qu'une nouvelle modification; mais cette modification, apportée à la manière d'en faire usage plus encore qu'à sa construction, fait disparaître tous ces inconvénients.

§ VII.

Ruche de M. Lombard.

M. *Lombard*, auteur du *Manuel nécessaire aux villageois*, a publié l'usage d'une ruche fort simple, qu'il appelle *ruche villageoise*, et qui est composée de deux parties, la ruche et le couvercle. La ruche est en paille; sa hauteur est de 38 centimètres environ, et de 32 centimètres de diamètre dans le haut et dans le bas, en sorte qu'elle forme un véritable cylindre; elle est couverte d'un plancher de paille ou de bois, de forme polygone, qui laisse par côté, tout autour, des ouvertures de 8 à 10 centimètres de longueur, sur 1 ou 2 centimètres dans leur plus grande largeur, et qui est percé dans le centre d'un trou de 2 centimètres et demi de diamètre. Le couvercle, qui est aussi en paille, a également 32 centimètres de diamètre à sa base, pour s'adapter avec justesse sur la ruche, et il se termine en forme de dôme; sa profondeur est d'environ 13 centimètres et demi. C'est par le moyen de ce couvercle que se fait la récolte. Dans l'été, lorsqu'il est plein de miel, on l'enlève et on en remet un vide sur la ruche; s'il contient du couvain, ce qui est bien rare, on diffère de quelques semaines; et toutes les fois que le couvercle est plein de miel, on l'enlève pour en replacer un vide, qui, dans les bonnes ruches, se remplit ordinairement en un mois. On emporte le couvercle plein dans une chambre où l'on fait un petit jour, et les mouches qui se trouvent dans le couvercle doivent, suivant M. *Lombard*, le quitter dans l'espace d'une heure pour retourner à la ruche.

On enduit la ruche et le couvercle d'un pourget fait de cendre et d'un tiers de bouse de vache. Le pourget s'enlève avec un couteau dans le point de jonction, quand on veut ôter le couvercle; et on lute de nouveau avec le pourget, quand on le replace.

On met cette ruche en plein air en l'affublant d'un bon surtout de paille qui tient autour d'elle, comprimé par un cerceau.

Le principal avantage de cette ruche est que le miel recueilli dans les couvercles est d'une fraîcheur et d'une pureté qui en augmentent beaucoup la valeur. Déposé dans des alvéoles qui n'ont jamais contenu ni couvain ni pollen, il le dispute en beauté au miel de *Narbonne*, et la récolte s'en fait sans rien briser, sans rien couper.

On ne peut disconvenir que la faculté de se procurer ainsi un miel frais et pur, ne soit infiniment précieuse, de même que celle d'occuper les abeilles pendant toute la belle saison, en remplaçant les couvercles pleins par des vides, et celle aussi d'approvisionner les essaims faibles par des couvercles pleins; mais ces avantages sont rachetés par une foule d'inconvénients et d'incommodités que cette ruche offre dans la pratique.

1° Il peut arriver que la ruche, dont la capacité ne varie point, soit convenable pour un bon essaim, et trop vaste pour un faible, qui ne pourrait la remplir à moitié de constructions, et par conséquent mettre son couvain à l'abri de l'influence du froid, ni s'en garantir lui-même pendant l'hiver.

2° Elle n'est point commode pour former des essaims artificiels, ce qui fait perdre beaucoup de temps pour surveiller la sortie des essaims naturels, dont on perd même une partie.

3° Cette ruche étant composée de rouleaux de paille liés en spirale les uns sur les autres, les abeilles garnissent de propolis les entre-deux des rouleaux; et cette propolis, qui est de nulle valeur pour le propriétaire, emploie pour sa récolte beaucoup de temps et occupe beaucoup de monde à pure perte.

4° En enlevant les couvercles des ruches et les portant dans un lieu obscur, les abeilles qui s'y trouvent, doivent les abandonner dans une heure, suivant M. *Lombard*; mais il arrive quelquefois qu'elles ne les quittent point, et qu'on ne peut les faire déguerpir, parce qu'il est impossible d'employer le secours de la fumée.

5° La nécessité de luter de pourget le couvercle toutes les fois qu'on l'enlève et qu'on le replace, devient très-incommode quand on a un grand nombre de ruches; on ne peut les visiter sans avoir une truelle à la main et un baquet de pourget à ses côtés, pour plâtrer chaque ruche dont on veut examiner le couvercle; ce qui perd un temps infini, et ce qui peut d'ailleurs nuire au couvain, à cause de l'humidité du pourget. D'un autre côté, la nécessité d'enlever ce mortier avec la pointe d'un couteau, quand on veut séparer le couvercle de la ruche, fait qu'on a bientôt détérioré les deux rouleaux de jonction; en sorte que la ruche est promptement hors de service.

6° Le surtout s'accolant à la ruche, on ne peut la découvrir sans briser et mêler la paille dont il est fait; ce qui exige une adresse et des précautions auxquelles on est bien aise de n'être pas assujetti quand on a beaucoup de ruches à opérer.

7° Mais le principal inconvénient de ce vaisseau,

c'est l'impossibilité de renouveler la cire du corps
de la ruche, qui, venant à se gâter, peut faire déserter les abeilles ou devenir la proie des fausses-
teignes.

M. *Lombard* l'a bien senti; et, pour y remédier,
il conseille le transvasement des vieilles ruches.
Pour faire cette opération, on bouche les ouvertures du plancher de la ruche qu'on veut transvaser, afin d'interdire aux abeilles toute communication dans le couvercle, qu'on laisse néanmoins
sur la ruche à l'effet de tenir le surtout; puis on
la place sur une ruche vide, en guise de couvercle; on condamne l'entrée de la ruche supérieure, et les abeilles, pour sortir, sont obligées
de descendre dans la ruche inférieure, d'où elles
vont dehors. La ruche supérieure étant pleine,
elles continuent leurs constructions dans celle
du bas; lors qu'elle est aux trois quarts remplie,
on enlève celle qui était dessus, et on donne à
celle qui reste un couvercle plein, pris sur une
autre ruche, avec toutes les abeilles qui s'y trouvent.

Mais ce transvasement, minutieux dans sa préparation, et qu'il faut réitérer trop souvent, tout
profitable qu'il paraît être à raison des provisions
qu'on retire de la vieille ruche, ne lève pas toutes
les difficultés. 1° Il faut quelquefois plusieurs années avant qu'il puisse être entièrement opéré;
tellement qu'avant qu'il soit terminé, les teignes

peuvent s'être emparées de la ruche d'autant plus facilement qu'on place tout de suite un vaisseau d'une grande capacité, qui fournit une retraite presque sûre à leurs papillons; 2° la ruche vide qu'on met sous l'ancienne est souvent trop vaste pour le nombre des abeilles qui l'habitent, en sorte que la chaleur y est moins égale, ce qui leur est nuisible et surtout au couvain; 3° si la vieille ruche ne peut s'enlever dans l'année, on ne fait aucune récolte pendant deux ans, et non-seulement on est privé pendant ce temps de plusieurs couvercles de beau miel, mais il en coûte encore la dépense d'un couvercle plein pris sur une autre ruche; en sorte que, pour ce prix et pour la récolte de deux années, on n'a autre chose que les vieux rayons d'une vieille ruche.

Voulant jouir de l'avantage que présente la ruche de M. *Lombard,* qui consiste à récolter un miel pur et parfaitement beau, j'ai cherché en même temps à parer à tous les vices et à toutes les incommodités qu'elle porte avec elle. J'ai voulu recueillir le miel à sa manière, et renouveler la cire, comme on le fait avec la ruche à hausses; j'ai voulu de plus éviter tous les inconvénients que j'ai reprochés à l'une et à l'autre de ces ruches, et qu'elles offrent dans la pratique. On va voir si j'ai réussi.

CHAPITRE III.

Construction de la Ruche Française (1).

L'ensemble de ma ruche se compose de trois parties principales : le corps de la ruche, le siége et le surtout, que je vais décrire séparément.

§ I.

Corps de la Ruche.

Le corps de la ruche est formé de plusieurs *étages* placés les uns sur les autres ; elle est fermée par le haut, d'une planche qui lui sert de couverture.

Un *étage* est une boîte carrée de 25 centimètres dans œuvre, et de 12 centimètres de hauteur,

---

(1) Si l'on veut savoir pourquoi je lui donne ce nom, c'est que la ruche de *Gélieu* est *suisse;* celle de *la Bourdonnaye, anglaise;* celle de M. *Hubert,* d'origine *grecque;* celle de M. *Lombard,* d'origine *allemande;* et que la ruche de plus de deux étages est vraiment d'invention *française.* J'appelle donc de ce nom la ruche à hausses, telle que je l'ai perfectionnée, pour la distinguer de celles qui ont avec elle quelque ressemblance de construction, comme celles de *Palteau,* de M. *Beaunier,* etc., etc.

Fig. 1

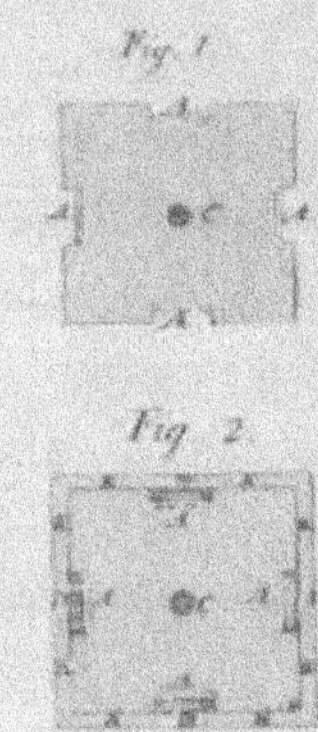

Fig. 2

Fig. 3

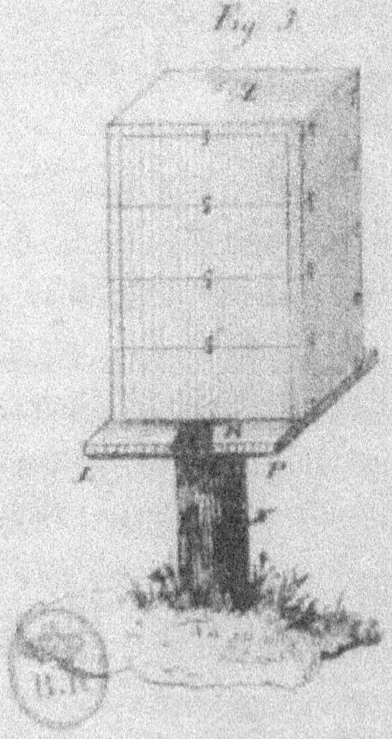

faite en planches d'un bois léger, comme sapin, pin, tilleul, saule, peuplier, etc.

Ces planches doivent être de 3 centimètres d'épaisseur, et assemblées à queues d'aronde.

On peut aussi, pour diminuer les frais et rendre les étages plus légers, les faire avec des lambris de 1 centimètre et demi à 2 centimètres d'épaisseur ; mais il faut se déterminer d'abord sur le choix d'épaisseur, afin qu'ayant des étages d'une seule sorte, on ne soit point obligé de trier quand on en a besoin. Dans tous les cas, ces étages doivent être dressés de manière à s'adapter parfaitement les uns sur les autres, et ne laisser entre eux aucun jour, afin d'éviter aux abeilles une grande dépense de propolis.

Chaque étage est couvert d'un plancher fait en demi-lambris très-mince, de 25 centimètres en carré, afin qu'il entre juste dans l'ouverture de l'étage, où il est posé à fleur des bords supérieurs, sur des petites chevilles solidement implantées aux quatre faces intérieures. Ce plancher porte, dans le milieu de ses quatre côtés, des échancrures de 6 centimètres de longueur sur 1 centimètre et demi de largeur, formant quatre ouvertures de même dimension lorsqu'il est appliqué sur l'étage, et son centre est en outre percé d'un trou de 1 centimètre et demi de diamètre. (Voyez la forme de ce plancher, fig. 1.) *A*, échancrures formant des ouvertures de 6 centimètres de longueur et de 1 centimètre et demi de largeur. *C*, trou au milieu du plancher.

La fig. 2 montre ce plancher adapté à un étage et vu de face.

Les étages ainsi garnis de leurs planchers, se placent les uns sur les autres pour former le corps de la ruche. Ils s'unissent par des crochets en fil de fer, fixés dans le milieu des quatre faces de chacun d'eux à la partie supérieure, et par des pitons aussi en fil de fer, également infixés dans la partie inférieure des quatre mêmes faces, et à des mesures si égales pour chaque étage, qu'ils puissent tous indifféremment s'accrocher entre eux. Pour plus de solidité, au lieu d'un seul crochet, on en place deux à deux faces opposées.

On peut remplacer les crochets et les pitons par de bonnes chevilles placées aux quatre faces des étages, à 2 centimètres des bords supérieur et inférieur, et faisant saillie de 2 centimètres et demi; on unit alors les étages avec de la ficelle qu'on tourne autour des chevilles en la croisant, ou avec du petit fil de fer recuit; mais les crochets sont préférables.

Sur ces étages unis, on place une couverture qui n'est autre chose qu'une planche en sapin, ou mieux en bois fort, comme chêne ou noyer, d'une dimension telle qu'elle recouvre les étages sans les déborder; garnie de pitons placés dans son épaisseur à la même mesure que ceux des étages, afin

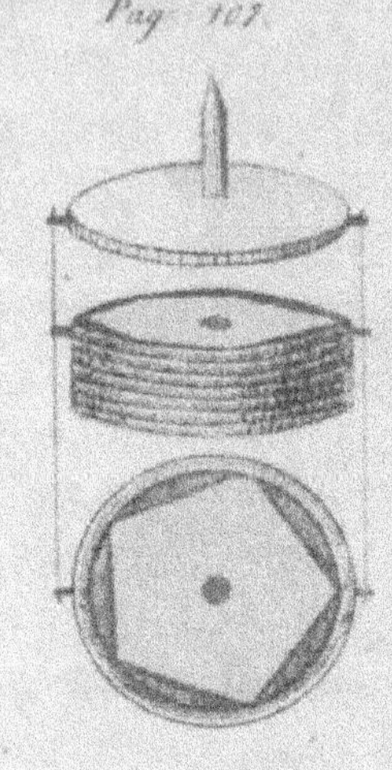

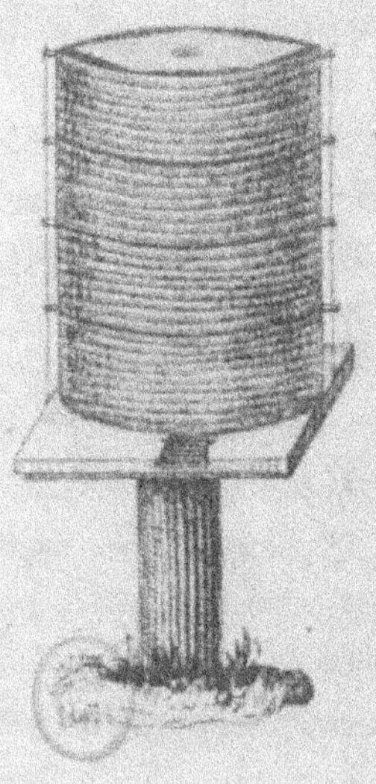

qu'elle soit attachée par les crochets de l'étage supérieur; ou garnie de chevilles répondant à celles
des étages.

Une ruche peut comprendre depuis deux jusqu'à cinq étages, suivant la capacité qu'il est nécessaire de lui donner; mais le nombre ordinaire
sera de quatre.

Les personnes qui y trouveraient plus d'économie ou de commodité, pourront faire des ruches en
paille, ou même en cercles de tamis. En ce cas,
on donnera 30 centimètres de diamètre à chaque
étage, et la même hauteur qu'aux ruches carrées.
On fera les planchers avec des demi-lambris taillés
en figure pentagone ou hexagone, de manière
qu'en les appliquant sur les étages, ils laissent des
fentes par côté pour le passage des abeilles, et on
les percera d'un trou de 1 centimètre et demi dans
le milieu, comme le plancher de la ruche de
M. *Lombard.*

Mais ces ruches mettront ceux qui en feront
usage dans la nécessité d'enduire de pourget les
jointures des étages en paille, ou de coller du
papier sur celles des cercles de tamis.

§ II.

siége.

Le siége sur lequel on pose la ruche est une
planche ou assemblage de planches de bon bois,

tel que chêne ou noyer, de 28 centimètres de largeur, et dont la longueur excède celle d'un étage de 9 centimètres et demi, afin qu'elle le déborde de 2 ou 3 centimètres par-derrière, et de 7 centimètres par-devant. On pratique dans l'épaisseur de cette planche, et sur le devant, une entaille de 6 centimètres de largeur uniforme, et d'une profondeur qu'on maintient de 12 ou 15 millimètres jusqu'à la longueur de 9 centimètres et demi à partir du bord, et qu'ensuite on diminue insensiblement, en approchant du centre de la planche. Cette entaille sert d'entrée aux abeilles.

À 7 centimètres du bord, on pratiquera une rainure verticale de chaque côté de l'entaille, afin de pouvoir, en certains cas, y glisser une petite coulisse de fer-blanc, pour fermer les abeilles dans leur ruche, ou pour d'autres besoins. De plus, l'épaisseur latérale du siége doit être garnie de crochets correspondant aux pitons de l'étage inférieur, et qui servent à attacher la ruche sur le siége.

Le siége ainsi préparé se pose sur un bon pieu de 15 à 16 centimètres au moins de diamètre, fiché solidement en terre, et surmonté d'une planche de 27 à 30 centimètres en carré, fixée à demeure par des clous. Le siége, qui ne doit point être scellé sur cette planche, doit se trouver placé à 30 centimètres de terre, et pencher en devant de 4 ou 5 centimètres, pour l'écoulement des eaux, qui sont quelquefois en abondance dans les ruches au moment des dégels.

La fig. 3 représente une ruche composée de quatre étages et posée sur son siége. *N*, pieu qui supporte la ruche; *L P*, planche clouée sur le pieu, et sur laquelle on pose le siége; *R*, entaille pratiquée dans l'épaisseur du siége pour l'entrée des abeilles; *Z*, couverture de la ruche.

§ III.

Surtout.

Le *Surtout*, ou la robe dont on couvre la ruche, se compose d'une charpente environnée d'un glui de paille de seigle.

Cette charpente se forme de trois pieux, longs d'un mètre et demi, qu'on aiguise par le bas, afin de pouvoir les enfoncer dans la terre. On les attache ensemble par leur extrémité supérieure avec de l'osier, et on éloigne l'une de l'autre leurs extrémités inférieures, de manière qu'ils puissent embrasser dans leur écartement une ruche placée à sa hauteur ordinaire. On passe alors par-dessus deux cerceaux, dont l'un, plus grand que l'autre, descende jusqu'à moitié de la longueur des pieux, auxquels on les attache avec de l'osier. Cet ensemble présente la figure d'un cône, qu'on voit dans la fig. 4.

On couvre cette charpente d'une douzaine de poignées de paille de seigle qu'on lie fortement dans le haut, et on glisse par-dessus un ou deux cerceaux, qu'on fixe à ceux de la charpente avec deux liens de fil de fer, après les avoir fait descendre le plus bas possible, afin qu'ils tiennent la paille serrée, et forment de ce surtout un abri impénétrable contre la pluie, les grands vents et le soleil. On coupe avec des ciseaux les brins de paille qui débordent les autres.

On place ce surtout sur la ruche, qu'il ne touche en aucun point, et on enfonce en terre l'extrémité aiguisée des trois pieux, à une profondeur de quelques centimètres.

Pour surcroît de précautions, on peut coiffer la tête du surtout d'un pot renversé, à la manière de M. *Lombard*. La fig. 5 représente une ruche affublée de son surtout.

§ IV.

Avantages qui dérivent de cette construction.

Malgré tout ce que les partisans des ruches en paille ont pu dire en faveur de la paille, je place la matière dont ma ruche se compose au nombre de ses avantages.

J'ai déjà dit, en parlant de la ruche de M. *Lombard*, que les abeilles logées dans des ruches en paille perdaient un temps précieux à remplir de propolis les interstices des rouleaux ; que lorsqu'on avait des ruches de plus d'une pièce, le pourget dont elles doivent être enduites était fort long et fort ennuyeux à faire et à démolir lorsqu'on visitait ses ruches, surtout si on en avait un grand nombre ; que l'humidité de ce pourget pouvait être nuisible au couvain ; que d'ailleurs, chaque fois qu'on l'enlevait, on coupait les rouleaux de paille, ce qui usait promptement les ruches.

Ces inconvénients réels et bien sentis, doivent sans contredit faire préférer les ruches en bois ; lorsque surtout on compare la durée de ces dernières (1) avec celle des ruches en paille, dont le prix est peu inférieur.

Objectera-t-on que les abeilles réussissent moins bien dans les ruches en bois ? C'est une erreur que l'expérience démontre, lorsqu'elles sont placées les unes et les autres en plein air. Dira-t-on, comme M. *Lombard*, que ces ruches sont sujettes à se déformer au soleil et à la pluie ? Je réponds que si la pluie et la chaleur font déjeter les ruches en bois, cet effet ne peut avoir lieu sur celles qui, étant couvertes d'un bon surtout, tel que celui que j'ai décrit dans le paragraphe précédent, sont garanties de l'une et de l'autre.

---

(1) Une ruche en bois, bien abritée, dure 40 à 50 ans.

Le petit diamètre des étages est aussi une de leurs qualités : il produit l'effet de réunir davantage les abeilles, qui, ainsi que le couvain, sont beaucoup plus chaudement que dans une ruche d'un diamètre plus grand. Ce diamètre resserré réduisant la capacité des étages, les abeilles les ont remplis plus promptement de constructions et de provisions ; ce qui est très-avantageux pour les essaims, et aussi pour les propriétaires, qui récoltent plus souvent les ruches, et qui en retirent le miel plus frais.

Il a été nécessaire de donner aux étages la hauteur de 12 centimètres ; parce qu'une plus petite hauteur, en obligeant de multiplier les étages pour former une ruche, aurait aussi multiplié les planchers, dont le trop grand nombre aurait été incommode aux abeilles, en gênant le libre parcours de la ruche. Une plus grande hauteur aurait occasioné des récoltes trop considérables à la fois : ce qui aurait exposé la ruche à la disette. Quatre étages formeront une ruche ordinaire (1).

---

(1) On devrait cependant, dans les pays peu fertiles, réduire la capacité des étages soit sur la hauteur, soit sur la largeur. Ce point est de la plus grande importance : car il est certain qu'une petite ruche n'entraîne aucun inconvénient sensible, quand on peut dépouiller les abeilles et leur donner du vide à mesure qu'elles travaillent ; tandis qu'une ruche trop grande, en privant le propriétaire du plaisir de

Mais ce qui donne à la *ruche française* tous ses avantages, c'est le plancher adapté sur chaque étage. Les abeilles y attachent leurs constructions, et les descendent non point jusque sur le plancher inférieur, mais jusqu'à un centimètre de ce plancher, afin de se ménager un espace suffisant pour circuler librement dans toutes les parties de la ruche, le même qu'elles laissent toujours entre leurs constructions et le siége.

De cette manière, tous les étages sont indépendants, et n'ont entre eux aucune espèce d'adhérence. On enlève ceux du dessus qui contiennent le miel, sans rien briser, sans passer le fil de fer : on enlève celui qui pose sur le siége, et on y replace la ruche avec la certitude que les constructions du second étage, qui pose alors sur le siége, n'ont que le prolongement qui convient pour la facilité de la desserte ; avantage qu'on ne pourra jamais retirer des hausses sans plancher. Car, en séparant avec le fil de fer la hausse qui repose sur le siége de celle qui lui est supérieure, les gâteaux se trouveraient jusqu'à fleur des bords de cette dernière, porteraient par conséquent sur le siége, et empêcheraient toute communication dans la ruche ; à moins de l'élever sur le siége par des cales d'un

---

récolter souvent du miel, expose les abeilles à périr de froid pendant l'hiver, et les épuise à fabriquer de la cire avant de songer à amasser des provisions.

centimètre de hauteur, ce qui ne serait pas sans inconvénient, surtout pour les ruches faibles; ou de remplacer la hausse enlevée par une hausse vide, ce qui ferait manquer le but important que je me propose dans cette opération; savoir, le renouvellement de la cire.

Si on veut séparer la ruche en deux, l'indépendance des étages entre eux (1) offre encore la plus grande facilité pour le faire; et là, point de couvain sacrifié, point de destructions. En un mot, on ouvre ses ruches, on les visite dans tout leur intérieur; on en voit l'état, les forces, le travail, les magasins, avec la plus grande facilité, et en cinq minutes de temps au plus pour chacune (2).

---

(1) On objectera sans doute que la nécessité d'attacher les rayons à chaque pièce de la ruche, devient gênante pour les abeilles et augmente leur travail. Cette augmentation de travail n'a point lieu si on a l'attention, quand on dépouille les étages, de ne point en racler le fond et d'y laisser la couche de propolis qui sert d'attache aux rayons, ainsi que les brins de cire qui y sont adhérents: les abeilles n'ont alors qu'à construire sur d'anciens fondements, et à continuer des édifices commencés.

(2) On doit voir maintenant que la dénomination d'*étage* convient mieux aux pièces de ma ruche, que celle de *hausse*, parce qu'en effet, ces pièces sont autant d'appartements placés les uns sur les autres, et absolument indépendants, du moins quant aux constructions qu'ils renferment, qui n'ont entre elles aucune adhérence ni liaison; et parce que,

Les étages communiquent entre eux par les ouvertures ménagées sur les bords du plancher. Ces ouvertures sont placées de préférence sur les bords; parce que le couvain qui est dans le milieu occupe toujours un grand nombre d'abeilles, pour le nourrir ou l'échauffer, ce qui intercepte le passage et forcerait les abeilles qui ont à faire dans le dessus à perdre un temps infini pour percer la foule; tandis que les bords, étant moins fréquentés, laissent le passage beaucoup plus libre.

Indépendamment des nombreux avantages attachés à la construction de ce plancher, et dont je viens de rendre compte, on conçoit qu'il sert encore à garantir les abeilles, pendant l'hiver, de la rigueur des froids, et à les préserver de la chute des vapeurs qui, au temps des dégels, s'élèvent au sommet de la ruche où elles se condensent, et d'où elles retombent en pluie sur les abeilles.

L'isolement des siéges offre la commodité de tourner librement autour des ruches, de les opérer sans ébranler ni agiter celles qui seraient posées sur un même plateau : un demi-mètre de distance d'un surtout à l'autre est suffisant pour passer entre deux.

---

d'après ma méthode, l'on ne place jamais d'étages vides sous la ruche, mais toujours par-dessus; ce qui, dans le premier cas, serait *hausser* le logement des abeilles, et ce qui, dans le second, est l'élever d'un étage.

Le siége n'étant pas scellé sur la planche sur laquelle il repose, on peut le soulever à volonté par-derrière, pour connaître, en gros, le poids de la ruche, sans déranger ou écraser un grand nombre d'abeilles ; on peut même la peser très-facilement avec une romaine pour en connaître le juste poids, au moyen de deux cordes passées sous le siége pour le soulever avec la ruche. Cette mobilité des siéges permet aussi de transporter et de déplacer en tout temps les ruches avec une extrême facilité et sans écraser une seule abeille ; ce qui devient très-précieux dans la formation des essaims artificiels.

L'entaille pratiquée dans l'épaisseur de la table, et dont l'invention est due à M. *de Boisjugan*, dispense de la nécessité de faire une entrée à tous les étages qui sont tantôt au bas et tantôt au sommet de la ruche. Les deux rainures verticales pratiquées aux deux côtés de l'entaille, servent à recevoir une petite coulisse de fer-blanc ou de sapin bien mince, qui a une échancrure d'un demi-centimètre de hauteur, pour réduire dans certains cas la hauteur de l'entrée à cette mesure (1), ou une coulisse criblée de trous pour pouvoir emprisonner les abeilles quand on veut les transporter au loin.

---

(1) Voyez le § XI du chapitre suivant.

Au lieu d'entaille dans le siége, M. *Baunier* conseille d'élever la ruche sur quatre cales d'un centimètre, placées sous les quatre côtés de la ruche, et il attribue à ce procédé l'avantage de donner de l'air aux abeilles.

Mais je préfère l'usage de l'entaille, parce que : 1° je le crois plus dans la nature : nous voyons en effet que les abeilles lutent exactement de propolis tout le tour de leur ruche excepté l'entrée ; et il est à présumer qu'elles ne le font pas sans nécessité ; 2° si une ruche est assez forte pour se garantir des fausses-teignes, quoique si bien à jour, il est certain du moins que le service de la garde à l'entrée de la ruche exige en pareil cas un nombre de sentinelles trente fois plus grand, qui pourrait être employé plus utilement ; 3° si un tel courant d'air peut convenir aux abeilles dans la grande chaleur des jours d'été, il peut être très-nuisible aux ruches faibles dans les nuits fraîches, et surtout au couvain (1).

Le surtout qui couvre la ruche sert à y maintenir une température à peu près égale, à la vêtir contre la pluie et les frimas, et particulièrement à la garantir de l'ardeur du soleil durant le cours de

---

(1) Aussi la méthode d'élever les ruches sur de hautes cales, pour les empêcher de donner des essaims, ne remplit probablement ce but que parce que le froid tue la plus grande partie du couvain qui les aurait produits.

l'été. N'étant point accolé à la ruche, on comprend qu'il est plus facile de l'enlever quand on veut opérer la ruche : il suffit de le soulever en le prenant par les pieds qui entrent dans la terre; les brins de paille ne se brisent pas, ne se mêlent pas; et l'on peut ainsi conserver un surtout bien fait pendant plusieurs années sans réparations.

Il n'est pas jusqu'au vide qui existe entre le surtout et la ruche, qui n'ait aussi son utilité : il fournit, en cas d'orage, un abri aux abeilles, lorsque, revenant en foule des champs, elles n'ont pas le temps de toutes rentrer avant la pluie.

CHAPITRE IV.

Usage de la Ruche Française.

La *ruche française* doit de grands avantages à sa construction particulière; mais elle en doit beaucoup aussi à l'usage qu'on en sait faire. C'est de cet usage que dépendent les deux points les plus importants de la culture des abeilles, la récolte du plus beau miel dans des alvéoles purs, et le renouvellement périodique de la cire. Je vais donc, dans les paragraphes qui suivent, indiquer la manière de s'en servir depuis le moment où l'on y introduit les essaims : j'indiquerai aussi, dans un paragraphe particulier, le moyen de transvaser les abeilles d'une ruche ancienne dans une *ruche française*.

§ I.

Comment on recueille les Essaims naturels.

Lorsqu'on a fait fixer un essaim qui part de la ruche, en lui jetant ou de l'eau avec des balais, ou du sable, ou de la terre menue, on porte à sa plus grande proximité, une ruche composée seulement de trois étages, dont le supérieur est frotté intérieurement d'un peu de miel. Cette ruche doit être posée sur son siége, et néanmoins élevée tout autour sur des cales de quelques centimètres.

Après cette préparation, on ramasse les abeilles avec un poêlon, et on les verse doucement à l'entrée de la ruche, où elles entrent sur-le-champ. Le soir, au soleil couché, on enlève doucement et sans secousses, les cales qu'on avait mises pour tenir la ruche soulevée; on l'emporte avec son siège sur le pieu qui lui est destiné, et on la couvre de son surtout. Quand le temps est mauvais, on la met tout de suite en place.

Si l'essaim est fort et précoce, en trois semaines ou un mois, il aura rempli de constructions les trois étages qui composent sa ruche (1). Il faut

----

(1) On s'en assure en soulevant la ruche le matin ou le

alors détacher la couverture, et mettre un quatrième étage sur lequel on la replace (1). Mais il ne faut donner à la ruche ce quatrième étage, que quand les trois premiers sont entièrement pleins : la conservation des ruches est attachée à l'observation de cette règle.

Lorsque ce quatrième étage est plein, ce qui arrive quelquefois en moins d'un mois si la saison est peu avancée et le pays abondant, on fait la première récolte de miel comme je le dirai plus bas, au § V.

§ II.

Essaims faibles ou tardifs, et comment on les réunit.

Un préjugé ordinaire à ceux qui débutent dans l'éducation des abeilles, c'est de croire qu'en recueillant dans des ruches séparées tous les essaims qui sont sortis le même jour, ils augmenteront

---

soir, et en ôtant la couverture pour voir le travail des abeilles à travers les ouvertures latérales du plancher.

(1) Toutes les fois qu'on met un étage ou une couverture sur une ruche, il ne faut pas les poser à plat : car on écraserait un grand nombre d'abeilles sous les bords; mais les glisser de derrière en devant, doucement et avec précaution.

d'autant le nombre de leurs ruches. Il importe de les prémunir contre cette tendance funeste.

Pour peu qu'on ait d'expérience sur les abeilles, on est frappé de la différence du produit d'un bon essaim à celui d'un essaim faible. Non-seulement ce produit égale celui de deux essaims faibles, mais il est six fois plus considérable; et il est certain, tandis que l'autre est souvent négatif.

Cette différence tient à des causes sensibles :

Supposons deux essaims du même jour, logés dans deux ruches et composés de dix mille abeilles chacun, et d'une reine également féconde chez les deux. Supposons qu'il y ait dans chaque ruche cent abeilles constamment et uniquement occupées à en défendre l'entrée aux insectes et autres ennemis : le nombre des travailleuses dans chacune sera réduit à neuf mille neuf cents; qu'il faille deux mois à ces essaims pour remplir de gâteaux de cire la capacité des ruches; que le séjour de trois mille abeilles soit nécessaire dans la ruche, tant pour y maintenir l'égalité de température nécessaire au couvain, que pour le soigner dans tous ses besoins, pour fermer de couvercles de cire les alvéoles qui sont pleins de miel ou ceux qui contiennent des vers qui ont acquis leur accroissement, et pour polir les constructions de cire ébauchées : le nombre se trouvera réduit dans chaque essaim à six mille neuf cents butineuses; que sur ce nombre six mille d'entre elles soient employées à recueillir du pollen pour nourrir le couvain : il ne restera que neuf cents ouvrières en miel dans chaque essaim.

Maintenant, en partant des bases supposées, réunissons les deux essaims dans une seule ruche au lieu de les séparer. Une des reines étant sacrifiée, leur nombre montera à vingt mille. Cent occupées à la garde de la ruche, il en restera dix-neuf mille neuf cents ; les constructions en cire s'achèveront dans un mois ; les trois mille abeilles nécessaires dans la ruche réduiront le nombre des butineuses à seize mille neuf cents ; sur quoi six mille employées à la récolte du pollen, il en restera encore dix mille neuf cents pour recueillir du miel, c'est-à-dire six fois plus d'ouvrières que dans les deux faibles essaims.

Mais ce calcul, quelque frappant qu'il soit, ne rend point encore toute la différence d'un bon essaim à deux faibles : car à peine quelques rayons sont-ils construits, que le couvain y est déposé aussitôt par la reine qui est dans sa grande ponte ; le couvain exige les soins de toute une faible colonie, tant pour le nourrir que pour l'échauffer : les constructions sont donc tout-à-fait interrompues pour l'éducation d'une jeune famille qui, malgré cela, ne prospère point faute de nourriture ou de chaleur suffisantes. Toute la belle saison se passe avant que la ruche soit à moitié pleine, et l'on est obligé de donner, pour l'hiver, des vivres à l'essaim, qui périt le plus souvent dans les ruches d'une seule pièce.

L'essaim fort, au contraire, qui a eu du monde pour tous les travaux, a fourni au propriétaire un étage de beau miel, et quelquefois deux; et au printemps suivant, il donne de forts essaims qui réparent la stérilité des ruches faibles.

Il faut donc, quand on a deux faibles essaims le même jour ou à peu de jours d'intervalle, les réunir; et pour cela, après les avoir recueillis chacun dans une ruche, on place le soir les deux ruches l'une sur l'autre, et on enfume celle du bas pour faire monter les abeilles dans celle du dessus et les étourdir; autrement elles se livreraient des combats meurtriers. Après avoir passé ainsi la nuit ensemble, elles vivent le lendemain en bonne intelligence, et suivent les lois de celle des deux reines qui survit au duel qui a eu lieu entre elles. Il n'est pas nécessaire de dire qu'on retire dans le bas de la ruche les étages surnuméraires.

Si les essaims n'étaient pas du même jour, on ferait passer l'essaim du jour dans la ruche du premier recueilli, afin de ne pas perdre le couvain et le travail qui pourraient déjà se trouver dans celle-ci.

Si cependant on avait un essaim tardif ou faible, sans en avoir un autre faible avec qui on pût le réunir, on le recueillerait dans une ruche de deux étages ou d'un étage seulement, où il ferai', pendant le reste de la belle saison, tout le travail qu'il pourrait ; et dans l'automne on mettrait sur cette ruche un étage plein de miel pris sur une ruche forte : par ce moyen on est assuré de lui faire passer l'hiver, et l'année suivante il dédommagera bien de cette avance.

§ III.

Manière de former les Essaims artificiels.

Pour extraire un essaim artificiel d'une ruche, il est indispensable qu'elle réunisse les conditions suivantes : 1° qu'elle soit composée de quatre étages entièrement remplis de constructions ; 2° qu'elle soit forte et bien peuplée ; 3° qu'il y ait des faux-bourdons éclos depuis six ou huit jours, et cela pour les causes expliquées au paragraphe 5 de la première partie ; 4° et qu'on n'ait pas encore passé le milieu de juin.

Lorsque ces conditions se trouvent réunies, on se transporte, masqué, ganté et approvisionné d'étages vides, de siéges et de couvertures, auprès des ruches qu'on veut opérer.

On enlève leurs surtouts ; on détache l'un de l'autre les deux étages du milieu, et on glisse entre eux tout autour une lame de couteau pour les décoller.

Cela fait, on passe derrière la première ruche

dont on veut extraire un essaim, et on place à sa gauche, par terre, un siége vide. Après avoir donné quelques petits coups avec le dos du doigt, en trois reprises de quelques secondes d'intervalle, savoir, les deux premières contre le deuxième étage, et la troisième sur la jonction du premier et du deuxième étage, afin d'y attirer la reine, on enlève les deux étages supérieurs, qu'on met sur le siége préparé à sa gauche. On pose sur les deux étages inférieurs restés en place, un troisième étage vide, surmonté d'une couverture : puis on ôte sur-le-champ cette ruche avec son siége, et on l'entrepose à sa droite. On remet à la place qu'elle occupait les deux étages supérieurs qu'on avait déposés à sa gauche, avec le siége sur lequel on les a placés : après quoi on porte au lieu qui lui est destiné, l'essaim composé des deux étages inférieurs auxquels on a ajouté un étage vide, et on le couvre d'un surtout.

On revient à la ruche restée en place, à laquelle on ajoute aussi un étage vide qu'on place dans le dessus, et on lui remet son surtout. Le point important pour réussir dans cette opération, c'est d'emporter la reine : autrement les abeilles de l'essaim déserteraient toutes pour la rejoindre.

Quand l'étage vide donné à chacune des deux ruches est rempli, on leur en ajoute un quatrième, toujours dans le dessus.

On voit qu'on emporte pour former l'essaim, les

deux étages inférieurs qui possèdent la reine et qui contiennent beaucoup de couvain; qu'avec eux, on enlève les deux tiers des abeilles, qui sont toujours dans le bas des ruches en plus grand nombre que dans le dessus; mais on laisse en place le quatrième étage plein de miel, et, ce qui est plus utile encore, le troisième, qui, au temps de la grande ponte de la reine, renferme une quantité prodigieuse de couvain de tout âge; parce que les gâteaux qu'il contient étant plus frais que ceux des étages inférieurs, la reine y pond plus volontiers qu'ailleurs. Les abeilles qui étaient dans cette partie supérieure au moment de la séparation, celles qui étaient à butiner dans la campagne, et qui arrivent bientôt en foule, ainsi que quelques-unes de l'essaim qui, par habitude, reviennent à leur ancien domicile, égalisent à peu près la population des deux ruches.

Les habitantes de la ruche restée en place, se voyant sans reine, s'occupent sur-le-champ de la remplacer en agrandissant et disposant verticalement des cellules où sont logés de jeunes vers féminins, si même déjà la ruche, disposée à essaimer, n'a pas quelques cellules royales construites et occupées. Au bout de quelques jours elles ont une reine qui, par sa fécondité, augmente bientôt la population de la ruche, et la met quelquefois en état de subir une nouvelle opération du même genre. Mais on ne doit l'exiger que dans le cas d'une extrême population, et lorsque la saison est peu avancée.

De son côté, l'essaim qui possède une reine dans le fort de sa ponte, remplit promptement deux étages vides, et se trouve ordinairement, peu de temps après, dans le cas de donner lui-même un essaim.

On peut faire des essaims artificiels depuis le matin jusqu'au soir, pourvu qu'au moment où l'on opère, il y ait un grand nombre d'abeilles en campagne.

§ IV.

Transvasement des Abeilles des Ruches anciennes dans les Ruches Françaises.

Lorsqu'on veut loger des abeilles dans un vaisseau, il est sans doute plus commode d'y introduire l'essaim immédiatement après sa sortie de la mère ruche; cependant, si on veut faire passer les abeilles d'une ruche ancienne dans une ruche française, non-seulement on aura l'avantage de les avoir dans un vaisseau plus commode, mais on aura encore celui de voir leurs constructions rajeunies et de posséder une peuplade en quelque sorte toute nouvelle, puisqu'on sait qu'une ruche ne vieillit jamais que par ses constructions.

Les auteurs ont conseillé divers moyens de

transvaser les ruches *par préparation*, c'est-à-dire en amenant insensiblement les abeilles à travailler dans la ruche nouvelle qu'on leur présente.

Celui de ces moyens le plus généralement adopté, consiste à mettre la ruche nouvelle, percée par le dessus, sous la ruche ancienne dont on condamne l'entrée; en sorte que les abeilles soient obligées de passer par la ruche nouvelle pour sortir. Quand la ruche supérieure est entièrement pleine, les abeilles descendent dans la ruche nouvelle, placée dessous, pour y continuer leurs constructions; et quand celle-ci est aux trois quarts pleine, on enlève la vieille ruche.

On peut employer ce moyen pour transvaser une ruche ancienne dans une ruche française. Pour cela, on doit se munir d'une planche ou assemblage de planches, d'une surface assez étendue pour pouvoir clore la bouche de la ruche qu'on se propose de transvaser. Au milieu de cette planche, on marque un carré de 25 centimètres, et on pratique dans ce carré des ouvertures parfaitement semblables à celles des planchers des étages, de manière qu'elles y correspondent quand on place la planche sur un étage.

Cette précaution prise, immédiatement après la sortie de l'hiver, on met la planche percée sur deux étages, avec l'attention d'en faire correspondre les trous avec ceux du plancher de l'étage supérieur; et on place sur cette planche la ruche ancienne, dont on bouche l'entrée. On lute la planche tout autour des deux ruches qu'elle sépare, avec de la bouse de vache, et on couvre le tout d'un surtout convenable.

Les abeilles de la ruche ainsi disposée, sont obligées, pour sortir, de passer par les deux étages, où elles construisent bientôt des rayons. Quand ces deux étages sont pleins, on en glisse un troisième par-dessous, après avoir enfumé les abeilles pour les faire monter; et quand celui-ci est rempli à son tour, on donne quelques petits coups contre les étages pour y attirer la reine, puis on enlève la vieille ruche avec la planche intermédiaire, et on remet à sa place un quatrième étage, si la saison n'est pas trop avancée. On emporte cette ruche dans une chambre où on ne laisse qu'un petit jour, afin que les abeilles qui s'y trouvent, retournent à la ruche laissée en place.

Mais ce mode de transvasement a un inconvénient notable : c'est que, les abeilles plaçant toujours leur miel dans le haut de leur logement, la totalité de leurs provisions se trouve dans la ruche ancienne, et que les étages qui restent après qu'on a enlevé celle-ci, ne contenant que du couvain ou des rayons sans miel, on est obligé de donner aux abeilles un étage plein, pris sur une ruche forte, ou de l'approvisionner de quelque autre façon pour l'hiver.

Cet inconvénient m'a suggéré un moyen que

je crois préférable à celui-ci. Par ce procédé, le transvasement se prépare toujours dès la sortie de l'hiver : à cette époque on perce la ruche ancienne par le haut de plusieurs trous assez évasés pour que les abeilles y puissent passer en grand nombre. Sur cette ruche, on place une planche percée de trous qui correspondent à ceux faits au sommet de la ruche, ou plutôt ouverte dans le milieu d'un très-large trou dans le vide duquel viennent aboutir tous ceux pratiqués au-dessus de la ruche. On met sur cette planche un étage garni d'une couverture, et on lute le tout avec de la bouse de vache.

Si le dessus de la ruche ancienne était plat et d'une surface assez vaste pour qu'un étage qui y serait placé ne débordât d'aucune part, la planche percée intermédiaire serait inutile. Si, au contraire, elle était de figure conique, on en couperait la pointe à une longueur de 10 à 12 centimètres, et on poserait la planche percée sur la section du cône.

Dès que l'étage ainsi arrangé sur la ruche ancienne est rempli, on en interpose un vide entre lui et la ruche ancienne ou la planche intermédiaire s'il y en a une ; et au lieu de le luter sur cette planche ou sur la ruche, on le soulève par-devant sur deux cales d'un centimètre pour servir désormais d'entrée aux abeilles. On condamne celle de la vieille ruche, et on remet un surtout plus élevé.

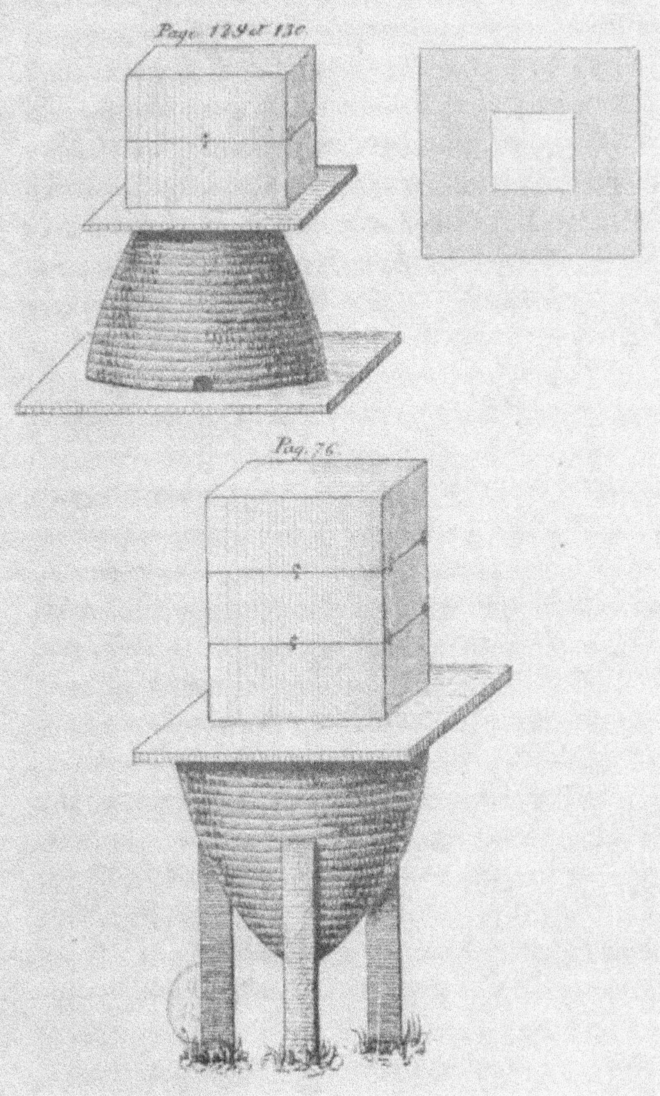
Page 129 et 130.
Pag. 76.

Quand ce nouvel étage est plein, on en ajoute un troisième par-dessus, ou mieux entre les deux. Quinze jours ou trois semaines après, on débouche l'entrée de la vieille ruche, par où on souffle de la fumée afin d'obliger les abeilles à monter dans les étages, et on enlève cette vieille ruche pour s'emparer de ce qu'elle contient. Enfin, on place la ruche française sur un siége convenable, et l'opération est parachevée.

Palteau, et après lui quelques auteurs, ont conseillé une autre méthode de transvasement *par préparation*, qui consiste à renverser sans-dessus-dessous la ruche ancienne dont on condamne l'entrée, et à en couvrir la bouche avec une planche percée sur laquelle on place la ruche vide. Mais ce moyen ne m'a jamais réussi; les ruches anciennes débordaient de population; elles essaimaient à l'ordinaire sans que les abeilles se fussent installées dans les ruches nouvelles.

Si on n'avait pas préparé le transvasement des ruches anciennes à la sortie de l'hiver, on pourrait néanmoins faire passer les abeilles dans des ruches françaises, en leur faisant subir un transvasement *forcé*, après qu'elles auraient essaimé : pour cela on opèrerait dans les cas et de la manière que j'ai indiqués, en parlant du transvasement des ruches d'une seule pièce, pages 76 et 77.

§ V.

Récolte du miel des Ruches Françaises.

Les essaims sont placés d'abord dans une ruche de trois étages, suffisants pour loger toute la ponte de la reine, et pour recevoir leurs provisions d'hiver. Le quatrième étage, qu'on place sur les trois premiers quand ils sont entièrement pleins, est le lieu de dépôt où les abeilles emmagasinent le tribut qu'elles doivent à leur maître, et cet étage est le seul qu'il puisse s'approprier. Aussi, on ne doit songer à récolter du miel sur une ruche que quand elle a quatre étages tout pleins ; cette règle n'admet point d'exception.

Il y a plusieurs manières de faire cette récolte. Après avoir détaché le quatrième étage de celui sur lequel il pose, on l'enlève et on remet à sa place un étage vide fermé d'une couverture ; puis on emporte le plein dans une chambre où on ne laisse qu'un petit jour, comme on le fait pour les couvercles des *ruches villageoises*, avec l'espoir que les abeilles qui s'y trouvent le quitteront pour retourner à leur ruche ; on peut même, quand elles s'obstinent à y rester, les déterminer à fuir, en faisant monter de la fumée par les ouvertures du plancher. Ou bien le soir, au soleil couché, on soulève le quatrième étage sur des cales de 5 à 8 centimètres, afin que les abeilles descendent pendant la nuit dans les étages inférieurs; et on l'emporte le lendemain de grand matin, après l'avoir remplacé par un vide.

Mais il vaut beaucoup mieux employer pour cette récolte l'enfumoir dont M. *Beaunier* conseille l'usage, et qui rend l'opération infiniment plus nette, plus facile et plus expéditive.

Cet enfumoir se compose de trois parties : la base, le fourneau et le soufflet.

La base de l'enfumoir est formée de quatre liteaux qui ont juste l'épaisseur du bois dont les étages sont construits, et qui ont des dimensions de longueur de manière à former un carré qui s'adapte précisément sur les étages, c'est-à-dire de 25 centimètres dans œuvre. Sur ces quatre liteaux, on cloue un demi-lambris percé d'un petit trou dans une des parties de sa surface autre que le centre, afin que la fumée ne s'introduise pas dans les ruches par la seule ouverture du milieu des planchers.

Le fourneau de l'enfumoir n'est autre chose que deux entonnoirs de tôle, dont les bouches s'emboîtent l'une dans l'autre. On place dans chacun de ces entonnoirs une petite grille en fil de fer, qui sert à retenir les matières combustibles qu'on y met. Le bec de l'un des entonnoirs doit être recourbé en forme de coude à son extrémité, pour plus de facilité dans l'usage.

Le soufflet est un soufflet ordinaire qu'on peut choisir plus petit, si l'on veut, de manière toujours que son chalumeau entre juste dans le bec non recourbé du fourneau.

Quand on veut récolter une ruche, on met dans le fourneau de la paille ou du foin mouillés, ou de la bouse de vache sèche, ou du linge, avec des charbons ardents; on adapte le soufflet au bec du fourneau, qui lui est destiné; on place la base de l'enfumoir sur la ruche dégarnie de sa couverture, puis on souffle doucement. La fumée se répand d'abord dans la base, et, son volume grossissant, elle pénètre dans l'étage supérieur par les ouvertures latérales et par celle du milieu, et elle s'y étend de manière que les abeilles sont forcées de descendre et d'abandonner cet étage. Lorsqu'on voit les abeilles sortir de la ruche en très-grand nombre, ce qui fait présumer que la fumée commence à se répandre dans les étages inférieurs, on enlève celui duquel on vient d'expulser les abeilles, et on lui en substitue un vide qu'on met toujours à la place qu'il occupait, et jamais ailleurs. S'il restait encore des mouches entre les couteaux de l'étage enlevé, on appliquerait la base de l'enfumoir de l'autre côté de cet étage, et on les forcerait de fuir par les ouvertures latérales du plancher.

L'ensemble de l'enfumoir se voit dans la fig. 6. *M N,* base de l'enfumoir, composée de quatre li-

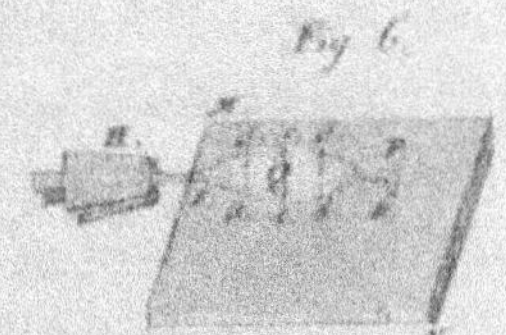

Pag. 134.

Fig. 6.

Pag. 109.

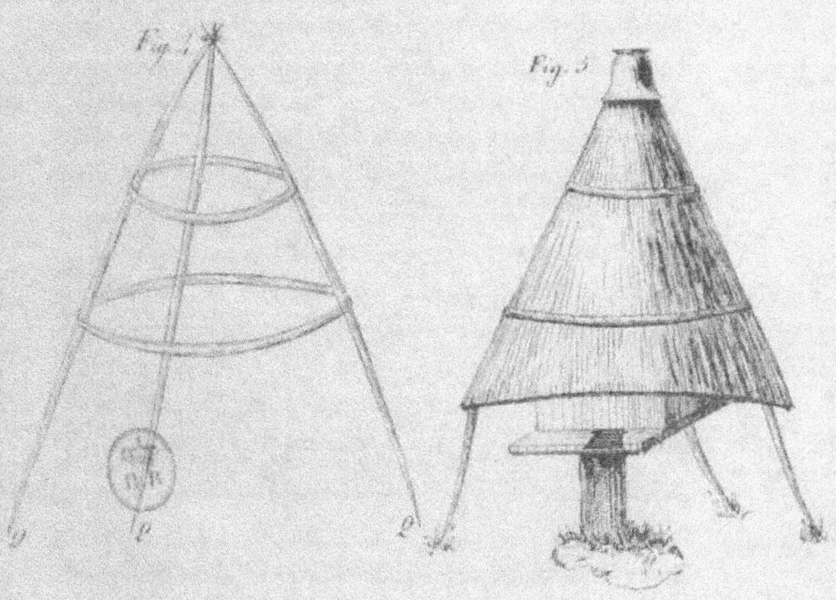

Fig. 4.

Pag. 110.

Fig. 5.

teaux surmontés d'un demi-lambris de la dimension
précise des étages; *Q*, fourneau en tôle ou autre
métal, *CC*, ligne qui marque l'endroit où les bouches des deux entonnoirs s'emboîtent; *DD*, lignes
ponctuées qui figurent la place où sont les grilles
en dedans du fourneau; *E*, trou de la base par où
s'introduit l'un des becs du fourneau; *F*, coude de
ce bec; *I*, autre bec du fourneau où se place le
chalumeau du soufflet; *H*, soufflet (1).

Si, après avoir enlevé le quatrième étage, on
ne le trouvait pas entièrement plein, il faudrait le
replacer et différer la récolte de quelques jours ou
de quelques semaines. Si on ne voulait prendre
que quelques rayons de miel au moment du dî-
ner, on enlèverait le quatrième étage après l'avoir
enfumé comme je viens de le dire, et on détache-
rait proprement un ou deux rayons avec un couteau fait exprès; après quoi on remettrait cet étage
à sa place.

Ce couteau est un morceau de fer très-mince,
d'environ 30 centimètres de longueur, dont les
deux extrémités sont courbées à angle droit, pour
en former deux lames de 3 centimètres de longueur sur un centimètre au plus de largeur; l'une
de ces lames a le taillant tourné en bas, et l'autre

---

(1) Dans les opérations où il est nécessaire de souffler
de la fumée par l'entrée de la ruche, on emploie l'enfumoir
sans sa base.

un double taillant qui est horizontal lorsqu'on tient l'instrument droit ; la première sert à détacher les rayons par côté, et l'autre à les détacher par dessous.

Lorsqu'une ruche est pleine et qu'on en veut différer la récolte pour la faire sur un certain nombre de ruches à la fois, on met un étage vide entre le troisième et le quatrième, afin que le défaut de place ne force pas les abeilles à l'oisiveté (1). Elles travaillent dans ce vide intermédiaire avec une ardeur incroyable.

Quoique le quatrième étage soit le superflu des abeilles, et que le propriétaire puisse s'en emparer toutes les fois qu'il est rempli, néanmoins on doit s'abstenir de récolter quand la saison est très-avancée, et que la campagne ne fournit pas assez aux abeilles pour qu'elles puissent faire quelque travail dans l'étage vide substitué à celui qu'on enlèverait. Car outre que ce serait donner à leur habitation un vide dont elles n'ont pas alors besoin, le miel de cet étage peut ne leur être pas absolument inutile, surtout si la ruche est bien

----

(1) Cette faculté de retarder la récolte est encore un des nombreux avantages de la *Ruche Française* sur la *Ruche villageoise*, que l'on est contraint de récolter quand le couvercle est plein, sous peine de perdre le fruit du travail que les abeilles pourraient faire dans le reste de la belle saison, si elles avaient du vide.

peuplée et l'hiver doux; et comme elles sont extrêmement économes de leurs vivres, cet excédant de provisions n'est pas perdu; il les met au printemps suivant dans le cas d'essaimer de meilleure heure et de fournir des récoltes plus hâtives.

Ainsi, dans les pays où l'on sème du sarrasin après le blé, on peut récolter les ruches jusqu'à la fleuraison de cette plante, dont le miel est d'ailleurs amer et assez mauvais; cependant elle en produit une telle quantité qu'on est obligé quelquefois de faire encore une récolte sur les ruches très-fortes durant le cours de cette fleuraison; dans tous les cas, il faudrait la faire avant le premier septembre, et ne plus rien prendre sur les ruches après cette époque, quelque garnies qu'elles fussent.

De même, quoique les quatre étages d'une ruche soient pleins dans le temps des essaims, on ne doit point la récolter alors, soit qu'on attende les essaims ou qu'on les fasse artificiellement, parce que, d'une part, en ce moment, qui est celui de la grande ponte des reines, il ne serait pas impossible qu'il y eût un peu de couvain dans le quatrième étage, surtout si la reine était très-féconde; et que, d'une autre part, l'étage vide qu'on substituerait au plein par la récolte, donnant de l'espace aux abeilles, retarderait ou empêcherait la sortie de l'essaim, et ferait obstacle à ce qu'on pût le former artificiellement.

Le vrai moment de faire la première récolte d'une ruche, c'est quinze jours après l'émigration des essaims naturels.

Quant aux essaims artificiels et aux ruches qui les ont fournis, on les récolte lorsqu'ils ont quatre étages pleins ; à moins qu'on ne préfère, à ce moment, en extraire de nouveaux essaims, si la saison n'est pas trop avancée.

Au reste, je ne conseille ces divers ménagements que pour la plus sûre conservation des ruches : la règle générale est qu'on peut les récolter après l'essaimage, toutes les fois que le quatrième étage est plein. Les récoltes tardives ne les font point périr ; elles n'ont d'autre inconvénient que de retarder les essaims et les récoltes l'année suivante. Quant aux ruches faibles, incapables de rien donner, elles manifesteront assez leur indigence par le défaut de travail dans le quatrième étage.

§ VI.

Récolte de Cire.

Dans le mois de novembre, par un temps froid, on enlève à toutes les ruches, sans exception, leur premier étage ou étage inférieur, qui, à cette époque, ne contient que de la cire. La méthode de placer les étages vides toujours dans le dessus de la ruche, produit cet effet, qu'au bout de quelques années, la cire qu'on enlève ainsi à chaque fin d'automne, est la plus vieille de la ruche : c'est par cette récolte que s'en fait le renouvellement.

§ VII.

Addition d'étages vides à toutes les Ruches.

Au mois de mars, on met un étage vide dans le dessus de toutes les ruches, pour remplacer l'étage de vieille cire qu'on leur a enlevé dans le bas avant l'hiver. En général, toutes les fois qu'on donne des étages vides aux ruches, on les met dans le dessus et jamais dans le bas : c'est une règle fondamentale de ma méthode.

§ VIII.

Avitaillement des Ruches faibles.

De tous les fléaux qui ravagent les ruches, le plus destructeur est le défaut de provisions suffisantes pour l'hiver. Les essaims tardifs qui se sont occupés de la construction de leurs édifices et de l'éducation de leur famille dans le temps propre à ramasser du miel, les essaims faibles et les ruches mères qui ont donné trop d'essaims et qui n'ont pas eu assez de monde pour pourvoir à la fois aux besoins journaliers du couvain et à l'approvisionnement de l'hiver, les forts essaims logés dans de trop grands vaisseaux, et qui ont employé toute la belle saison à fabriquer des gâteaux pour remplir leur habitation, les ruches fortes qui, n'ayant qu'un petit vaisseau, n'ont pu y emmagasiner assez de miel pour une grande population, celles qui, exposées aux ardents rayons du midi, n'ont pu travailler durant les étés très-chauds; en un mot, toutes les ruches, dans les années stériles en miel et suivies d'hivers doux, sont exposées à mourir de faim.

Le propriétaire qui veut les conserver, doit, aussitôt que la campagne est dépouillée de fleurs, les peser, ou tout au moins les soulever, pour connaître, à la légèreté de leur poids, l'urgence de leurs besoins, et venir au secours de celles qui sont dans la disette.

La manière la plus naturelle et la plus sûre de les pourvoir, est de leur donner en automne un étage plein de miel, pris sur une ruche forte. Si cependant on n'avait pas d'étages pleins à leur donner, ou qu'on craignît d'en faire la dépense, on les nourrirait d'une autre manière. On aurait l'attention de préparer d'avance un sirop composé d'une partie de miel commun et de deux ou trois parties de moût de raisin ou de jus d'autres fruits, avec un peu de sel, bouillis jusqu'à consistance de sirop. On aurait de petites auges faites d'un morceau de planche de 20 centimètres en carré, et de 4 centimètres d'épaisseur, creusé de 2 centimètres et demi sur toute sa surface, jusqu'à 1 centimètre et demi des bords. A défaut d'auges, on se servirait d'assiettes. On remplit l'auge de sirop, on la couvre d'une toile de canevas ou de brins de paille; on enlève la couverture de la ruche; on place l'auge sur le milieu du plancher de l'étage supérieur, et on la couvre d'un étage vide sur lequel on met la couverture.

Les abeilles transportent dans leurs rayons la nourriture qu'on leur offre; deux jours après, on donne une seconde augée, si la première ne suffit pas; et quand la ruche est suffisamment pourvue, on retire l'auge et l'étage vide qui la couvrait. La provision ordinaire d'une ruche doit être au moins de 6 kilogrammes de miel. Pour s'assurer si elle a cette quantité, on la pèse, et, après avoir déduit le poids du vaisseau et du siége, on distrait encore 5 kilogrammes pour celui des mouches, de la cire, du pollen et du couvain; ce qui reste est le poids du miel.

Si, en plaçant après l'hiver un étage vide sur toutes les ruches, comme il est dit au paragraphe précédent, on s'apercevait que quelques-unes eussent de nouveaux besoins, on y pourvoirait de même; car c'est principalement en automne et au printemps que les abeilles ont besoin de nourriture; l'hiver elles sont groupées et ne consomment rien ou très-peu. En général, on ne doit pas être parcimonieux avec elles; elles dédommagent au centuple de ces légères avances.

§ IX.

Destruction des Fausses-Teignes dans la Ruche Française.

Quand on reconnaît, aux indices dont j'ai parlé dans le paragraphe 6 de la première partie, qu'une ruche est attaquée des fausses-teignes, qui commencent toujours leurs ravages par le bas des constructions, il faut sur-le-champ enlever le premier étage où elles sont installées, sans miséricorde pour le couvain qui pourrait s'y trouver, et la ruche en est délivrée. On ajoute ensuite un étage vide par-dessus, si la ruche en avait moins de quatre; ou si elle avait ce nombre, entre le troisième et le quatrième.

Il faut avoir l'attention, quand on enlève le premier étage infesté, d'examiner s'il n'y a pas des enveloppes soyeuses contre les rayons du deuxième étage, qu'il faudrait aussi enlever, dans le cas où on en apercevrait. Mais ce cas sera infiniment rare : car on conçoit que le plancher de chaque étage s'oppose à ce que les fausses-teignes puissent arriver facilement aux étages supérieurs; et il faudrait qu'elles fussent établies depuis bien long-temps dans la ruche, pour avoir pu passer du premier étage au second par les ouvertures latérales du plancher.

§ X.

Moyen de prévenir le Pillage dans la Ruche Française.

Je n'ai jamais vu le pillage désoler une ruche, quelque faible qu'elle fût, que quand la reine était morte; cette observation m'est commune avec M. *Lombard.* J'ajouterai même que je n'ai jamais eu de ruche pillée sans l'avoir prévu huit ou quinze jours d'avance, parce que je remarquais que les abeilles de ces ruches sortaient en petit nombre, et qu'aucune d'elles n'apportait du pollen. Jamais je n'ai trouvé de couvain dans les ruches pillées, ni dans celles que j'en voyais menacées et que j'ai visitées, étages par étages, quelques jours avant le pillage.

Ainsi, quand la saison n'est pas trop avancée, et que les faux-bourdons ne sont pas massacrés dans la plupart des ruches, il faut mettre les abeilles des ruches menacées du pillage dans le cas de se procurer une reine. Pour cela, on enlève le deuxième étage d'une ruche forte dont les abeilles apportent beaucoup de pollen, et on le place entre le premier et le deuxième de la ruche menacée.

L'étage qu'on donne à la ruche menacée contenant du couvain de tous les âges, les abeilles ne manquent pas de donner l'éducation royale à quelques jeunes vers, et de se faire ainsi une reine. J'ai employé ce moyen avec le plus grand succès.

Pour enlever le deuxième étage que l'on donne à la ruche menacée du pillage, il faut mettre à la ruche forte un étage vide sous son dernier étage, c'est-à-dire entre le troisième et le quatrième; puis souffler de la fumée par le bas, pour faire monter les abeilles, et surtout la reine dans le dessus; après quoi on enlève le deuxième étage, et on laisse le vide où on l'a placé.

Si la saison était trop avancée, et qu'il n'y eût plus de faux-bourdons qui pussent féconder la jeune reine, il faudrait, au lieu de donner un étage de couvain à la ruche menacée, faire passer les abeilles qui l'habitent dans une ruche faible, en plaçant celle-ci sur l'autre et en soufflant de la fumée par le bas. De cette manière on ferait une ruche bien peuplée, à qui on donnerait de la nourriture pour l'hiver, si elle n'en avait pas assez, ou même l'étage le mieux approvisionné qu'on aurait trouvé dans la ruche menacée.

§ XI.

Destruction des Faux-Bourdons.

Il n'est pas nécessaire d'aider aux ruches fortes
à détruire leurs mâles gourmands et paresseux.
Quand leur mission est remplie, elles savent fort
bien s'en défaire elles-mêmes. Mais, dans ce temps
de proscription, il arrive souvent que ces parasites,
chassés avec acharnement de leurs ruches natales,
vont se réfugier dans les ruches faibles, dont ils
ont bientôt dévoré les modiques provisions. Les habitantes de ces ruches peu peuplées s'épuisent
long-temps à les combattre et à les chasser; il n'est
pas inutile de leur prêter assistance.

M. *de Boisjugan* avait inventé pour cela une
machine fort compliquée : on peut remplir le
même but beaucoup plus simplement. Par un
beau jour, entre midi et deux heures, dans le moment où les faux-bourdons sortent tous des ruches
pour vaguer dans les airs et jouir des douceurs
de l'amour, au temps de la naissance des jeunes
reines, on glisse, dans les deux rainures pratiquées aux côtés de l'entaille du siége, une coulisse
de fer-blanc, ou une feuille de sapin bien mince,
ayant une échancrure de la largeur de l'entrée,
et de 4 millimètres seulement de hauteur; puis on
soulève la ruche tout autour sur des cales n'ayant

également que 4 millimètres d'épaisseur. L'entrée n'a plus alors que 4 millimètres de hauteur, de même que le passage ouvert tout autour par l'élévation de la ruche, ce qui suffit pour les ouvrières; mais les faux-bourdons ne peuvent plus rentrer au retour de leur promenade aérienne. Si la fraîcheur de la nuit ne les fait pas périr, on les écrase par centaines le lendemain matin; après quoi on rétablit la ruche dans sa situation ordinaire, et on recommence l'opération à la même heure, jusqu'à ce qu'il n'y reste plus de faux-bourdons.

§ XII.

Manière de réparer la perte des Ruches.

Virgile a décrit en fort beaux vers un procédé fabuleux pour faire éclore de nombreux essaims d'abeilles dans les entrailles d'un jeune taureau qu'on fait mourir en l'étouffant. Mais les modernes Aristées ont un moyen bien plus simple et surtout beaucoup *plus sûr* de réparer la perte de leurs ruches, en attirant chez eux les essaims abandonnés ou ceux qui ont échappé à la surveillance de leurs maîtres. Il suffit de placer, au mois d'avril, dans des positions convenables, un certain nombre de ruches composées d'un étage plein de cire, surmonté de deux étages vides. Ces habitations, déjà pourvues de rayons prêts à recevoir du couvain et

du miel, attirent les éclaireurs des essaims errants,
et il est rare qu'il ne vienne pas quelques-uns de
ces derniers s'y établir. Un propriétaire ayant
perdu pendant un hiver toutes ses ruches, au nombre de douze, les avait laissées en place sans y toucher ; au printemps, cinq essaims étrangers sont
venus s'y loger. Frappé de cet exemple, je dispo-
sai, la même année, plusieurs ruches françaises
contenant un étage plein de cire ; et, quoique le
printemps fût déjà avancé, deux essaims, arrivant
je ne sais d'où, s'y sont installés. Il est facile d'utiliser ainsi les étages de cire qu'on enlève aux ruches à l'entrée de l'hiver, comme il est expliqué au
§ 6 qui précède, en ayant soin, toutefois, de choisir ceux qui renferment la cire la moins vieille.

§ XIII.

Attentions particulières pour Hiverner les Abeilles.

Le moment où l'on fait à toutes les ruches le re-
tranchement du premier étage prescrit par le paragraphe 6 de ce chapitre, est aussi celui de les mettre
en état de passer l'hiver. Pour cela, on élève par-
derrière toutes les ruches fortes sur deux cales de
2 ou 3 millimètres, afin que l'air, y circulant plus
librement, en rende le séjour plus sain, empêche
la moisissure des gâteaux, tienne les abeilles en-

gourdies pendant les froids pour éviter la consommation, et dissipe cette affluence de vapeurs qui,
au temps des dégels, s'exhalent de la masse des
abeilles (1). Cette précaution, indispensable pour
les ruches très-fortes, pourrait être funeste aux ru-

---

(1) On reproche aux ruches à dessus plat l'inconvénient
de ne pas diriger sur les côtés l'écoulement des vapeurs
condensées qui, au lieu de couler le long des parois de la
ruche, retombent goutte à goutte sur les abeilles. Mais ma
ruche est garantie de cette incommodité par plusieurs
causes :

1º Le courant de l'air que j'établis l'hiver dans les ruches fortes, les plus sujettes aux vapeurs, les empêche de
s'y amasser.

2º Les abeilles se tiennent tout l'hiver dans le deuxième
étage, qui est le mieux approvisionné ; les vapeurs s'élèvent
dans le troisième, et ne peuvent retomber en eau sur elles,
parce que le plancher les garantit.

3º La pente du siége en devant dirige de ce côté l'écoulement des vapeurs condensées, si la situation des rayons
le permet.

4º C'est aux dégels que ces vapeurs abondent dans les
ruches : or, à cette époque ou peu après, on remet sur
toutes les ruches un étage vide dans lequel elles s'élèvent,
et qui en préserve les abeilles.

5º Enfin, j'ai peine à croire que cette incommodité soit
aussi importante qu'on voudrait le faire penser, puisqu'on
cite des ruches qui ont duré plus de vingt ans, et qui étaient
à dessus plat.

ches faibles : c'est pourquoi on s'en abstiendra à l'égard de celles-ci.

Il faut aussi enfoncer en terre les pieds des surtouts, de 8 à 10 centimètres, après avoir fait des trous d'avance avec un petit piquet chassé à coups de maillet. Cette attention est nécessaire pour que les vents ne fouettent point la neige contre l'entrée des ruches, et pour la dérober entièrement aux rayons trompeurs du soleil levant. On laisse les choses en cet état jusqu'au moment de replacer un étage vide sur toutes les ruches.

S'il arrivait que l'étage supérieur de quelques ruches fût vide, il n'y aurait point d'inconvénients à le laisser sur celles qui sont fortes; il servirait de retraite aux vapeurs; mais il faudrait l'enlever aux faibles.

§ XIV.

Avantages qui dérivent de l'usage de la Ruche Française.

On doit voir maintenant que c'est de l'usage que l'on sait faire de la ruche française, qu'elle tire ses principaux avantages. La ruche à hausses planchéiées n'est pas nouvelle; M. *Serain* en parle sous le nom de *ruche à hausses perfectionnées*, dans son *Instruction sur les Abeilles*. Mais cette ruche, telle qu'il l'a dépeinte et qu'il en conseille l'usage, n'a que l'avantage d'éviter, dans la récolle, la section des gâteaux par le fil de fer. L'ouverture de communication, de 5 centimètres en carrés, placée dans le milieu des planchers, est gênante pour les abeilles, qui, passant d'un étage à l'autre, sont obligées de percer avec des peines infinies la masse du peuple qui est toujours au centre pour soigner le couvain qui y est aussi placé. D'ailleurs, la récolte se faisant en enlevant l'étage supérieur, qu'on remplace par un vide placé dans le bas, c'est dans la plus vieille cire de la ruche qu'est déposé le miel que l'on récolte.

Ici c'est tout autre chose : le miel que l'on récolte dans la ruche française, est le plus beau qu'elle contienne; il est renfermé dans de la cire parfaitement pure, qui n'a jamais reçu ni couvain, ni pollen. En cela la ruche française possède le principal avantage de la ruche *villageoise* de M. *Lombard*. Elle l'emporte même sur cette dernière, en ce qu'on ne donne d'abord que trois étages à un essaim, et que le quatrième, ajouté par-dessus quand ils sont pleins, offre dès la première récolte, un miel très-pur. En effet, la première ponte étant commencée dans les trois étages inférieurs, suffisants pour contenir toute la postérité de la reine et les provisions d'hiver, les abeilles ne travaillent dans le vide supérieur que pour le remplir de miel pur ; tandis que dans la ruche *villageoise*, l'essaim, placé d'abord dans le couvercle, y construit ses premiers gâteaux, où la reine fait sa première ponte, et ce n'est qu'après la sortie du couvain qui y était logé, que les abeilles remplissent ces gâteaux de miel. Aussi les rayons que l'on retire de la première récolte des ruches *villageoises*, sont presque toujours moins beaux que ceux des récoltes suivantes (1).

---

(1) Il serait possible de faire jouir la ruche *villageoise* des principaux avantages de la ruche française. Pour cela, le corps de la ruche serait composé de trois étages garnis chacun d'un plancher semblable à celui du corps de la ruche. On récolterait en enlevant le couvercle plein et en lui en substituant un vide. À l'entrée de chaque hiver, on enlèverait l'étage inférieur, et, à la sortie de l'hiver, on en remettrait un vide entre le couvercle et l'étage sur lequel il pose : de cette manière, on renouvellerait périodiquement la cire du corps de la ruche. Pour faire un essaim artificiel, on emporterait avec la reine les deux étages inférieurs, sur lesquels on en placerait un troisième vide avec un couvercle également vide ; et on laisserait en place le troisième étage et le couvercle, entre lesquels on intercalerait deux étages vides, soit à la fois, soit l'un après l'autre, à quinze jours ou trois semaines d'intervalle.

Telle a été la première idée qui m'a amené à celle de la ruche française, dans la recherche d'une méthode qui cumulât les avantages et prévînt les inconvénients de la ruche à hausses et de la *villageoise*. Mais, outre les inconvénients de la paille et du mortier, j'ai préféré la ruche en bois, que j'ai nommée *française*, comme plus uniforme dans sa construction et plus simple dans son usage.

La méthode de remplacer dans la récolte le quatrième étage plein, par un vide mis à sa place, et jamais dans le bas, comme on l'a fait jusqu'aujourd'hui pour les ruches à hausses, procure les plus grands avantages. Outre qu'elle assure des récoltes constantes de beau miel, et que les mouches travaillent dans ce vide supérieur avec plus d'ardeur que dans le bas, elle donne encore la certitude de ne s'emparer que de leur superflu. Chaque fois que le quatrième étage sera plein, et que la saison ne sera pas trop avancée, on pourra l'enlever : car c'est là que s'emmagasine la part du propriétaire ; les provisions de la colonie sont dans les étages inférieurs. Mais le défaut de travail dans le quatrième étage, de la part de ces mouches laborieuses, ou un simple travail en cire, avertira suffisamment de la disette de miel dans la campagne, ou de la faiblesse de la ruche, et obligera le propriétaire de refréner son avidité.

Si, des quatre étages qui composent une ruche, le troisième et le quatrième étaient pleins ou à peu près pleins de miel, et qu'après la première prise la campagne n'en fournît plus, il ne s'en amasserait point dans le quatrième étage vide mis à la place de celui enlevé ; le troisième étage plein, constamment respecté, resterait pour l'approvisionnement de la ruche, et l'on n'aurait plus de récoltes à faire.

Dans la ruche à hausses, au contraire, gouvernée comme elle l'a été jusqu'à présent, si, des quatre hausses dont je la suppose composée, les deux supérieures sont pleines de miel; qu'après la prise de la quatrième hausse, la campagne n'en fournisse plus, et que cependant les abeilles aient rempli de cire la hausse vide placée dans le bas, on enlève la hausse supérieure qui contenait le reste des provisions, et la ruche périt, quoique la récolte parût indiquée.

Ainsi, avec ma méthode, on n'agit point en aveugle dans la prise du miel; on ne s'approprie que le superflu de la peuplade. Quand le quatrième étage est plein, on s'en empare : si on le prend trop tôt, on y trouve peu de miel, souvent même que de la cire; s'il ne contient rien, c'est que la ruche est hors d'état de rien donner. En général, il s'emplira d'autant plus promptement que l'année, la saison ou le climat seront plus abondants en miel, que la ruche sera plus peuplée, les abeilles plus actives, la reine plus féconde, etc.; au moyen de quoi les récoltes seront naturellement modifiées par ces différentes causes.

Le mode que j'indique pour former les essaims artificiels, est aussi commode et aussi infaillible que celui qu'on pratique avec la ruche à la *Bosc*. L'essaim composé des deux étages inférieurs, a sur la mère ruche l'avantage de la possession actuelle d'une reine féconde; mais l'équilibre est rétabli, en ce qu'on laisse à celle-là, comme dans la nature, la presque-totalité du miel dans le quatrième étage, et dans le troisième une grande quantité de couvain propre à remplacer la reine, ou même déjà des jeunes reines prêtes à éclore : car à l'époque que j'ai indiquée pour faire les essaims, la ruche est pourvue d'alvéoles royaux, dont plus des deux tiers se trouvent dans le troisième étage.

L'étage de cire qu'on enlève dans le bas de toutes les ruches à l'entrée de l'hiver, n'a pas pour seul avantage le bénéfice de cette récolte spéciale ; mais c'est par-là que se renouvellent les constructions, et voici comment :

Supposons une ruche ordinaire de quatre étages. L'étage supérieur étant consacré aux récoltes du miel, la cire s'en renouvelle à chacune d'elles : il en reste trois à renouveler d'une autre manière. La première année on enlève, à l'entrée de l'hiver, l'étage n° 1 ; la cire en est toute fraîche comme celle des autres étages, et n'a que six mois. Alors l'étage n° 2 porte sur le siége, et devient n° 1 ; l'étage n° 3 devient n° 2 ; et celui n° 4, dont la cire n'a que deux ou trois mois, devient n° 3. A la sortie de l'hiver on place un nouveau n° 4.

A l'entrée de l'hiver de la deuxième année, on enlève le n° 1, dont la cire a un an et demi. La même évolution s'opère dans l'ordre des étages : le n° 2, qui a aussi un an et demi, devient n° 1 ; le n° 3, qui n'a guère que quinze mois, devient n° 2 ; et le n° 4, qui a environ 3 mois, devient n° 3.

A l'entrée de l'hiver de la troisième année, même prise, et encore même évolution : l'étage n° 2, qui s'enlève a deux ans et demi ; celui qui le remplace n'a guère que 27 mois ; le n° qui le suit, un an de moins, et le dernier, trois mois environ.

A l'entrée de l'hiver de la quatrième année, le numéro qui s'enlève a trois ans et trois mois ; le numéro qui lui succède a 27 mois ; le suivant, 15 mois ; et le plus élevé, deux ou trois mois.

Ce dernier ordre dans la succession d'âge des différents étages, est celui qui se maintient pendant toute la durée de la ruche, qui ne doit périr que d'accident : en sorte que le premier étage où il ne se trouve presque rien pendant toute l'année, si ce n'est un peu de couvain dans la grande ponte de la reine, est précisément celui qui contient la plus vieille cire, qui n'aura jamais guère que trois ans, et beaucoup moins si l'on pratique l'essaimage artificiel.

La prise de ce premier étage ne nuira pas plus aux ruches faibles qu'aux fortes ; puisque à l'époque où il s'enlève, il ne contient jamais que de la cire, qui est inutile pour nourrir les abeilles. Cette récolte, d'ailleurs, diminue la capacité de leur logement, et leur procure la facilité de mieux résister au froid.

D'un autre côté, en prenant cet étage, on purge tout naturellement la ruche des œufs de fausses-teignes qui pourraient s'y trouver, lesquels sont toujours déposés dans le bas des rayons; ou des fausses-teignes elles-mêmes, qui pourraient y être installées sans qu'on s'en fût aperçu, et qui n'atteindront presque jamais le deuxième étage à cause du plancher.

C'est encore là un des avantages marqués de la *ruche française* sur la ruche *à hausses*, dans laquelle les œufs de fausses-teignes, placés d'abord dans le bas, sont portés au centre par l'ascension successive des hausses, puis au sommet; tellement que les ruches qui en sont infestées le sont sans remède.

Ma méthode de donner de la nourriture aux abeilles par le haut, est infiniment plus utile que de la leur donner par le bas, où la longueur des gâteaux empêche ordinairement qu'on puisse rien placer, où d'ailleurs elles ne pourraient descendre l'hiver sans courir le danger imminent d'être saisies par le froid, et où, dans les temps chauds, l'odeur du miel peut attirer des étrangères, et occasioner des combats meurtriers. Elle est même préférable à celle employée par quelques personnes, et qui consiste à introduire, par un trou pratiqué au-dessus de la ruche, le goulot d'une bouteille bouchée d'une toile à travers laquelle les abeilles sucent la nourriture qu'on leur donne. Car, sans parler de la difficulté d'assujettir solidement cette bouteille, une vingtaine d'abeilles au plus peuvent y prendre leur nourriture à la fois; et si la matière est trop liquide, elle coule, elle englue, elle inonde les abeilles.

Ainsi, en gouvernant la ruche française comme je le conseille,

On donne du vide aux abeilles pendant toute la belle saison ;

On récolte le miel sans faire périr d'abeilles ;

On le récolte frais et tout nouvellement emmagasiné ;

On le récolte dans de la cire fraîche et pure ;

On ne prend que le superflu des abeilles ;

On fait commodément des essaims artificiels ;

On renouvelle la cire par des récoltes particulières des vieux rayons ;

On détruit les fausses-teignes ;

On nourrit facilement les ruches faibles.

Quels avantages reste-t-il à désirer ?

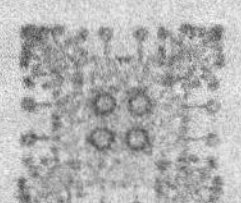

[illegible]

FALSIFICATION DU MIEL

[illegible]

FALSIFICATION DE LA CIRE

[illegible]

TROISIÈME PARTIE.

MANIPULATION DU MIEL

ET

PRÉPARATION DE LA CIRE.

Cet ouvrage devrait être terminé ici : car ce n'est point un traité complet sur les abeilles que j'ai promis, mais l'indication d'une ruche qui, gouvernée par une méthode simple, réunit tous les avantages qu'on s'est proposés jusqu'ici dans la culture des abeilles, savoir : les récoltes de miel pur, le renouvellement de la cire, et l'essaimage artificiel. Je crois avoir rempli cette tâche. Cependant des cultivateurs qui ne seraient munis que de ce seul ouvrage sur les abeilles, pourraient avoir besoin d'être éclairés sur la manière de préparer le produit de leurs ruches, pour le mettre dans le commerce. C'est pour eux que j'ajoute ici une troisième partie qui traite sommairement de cet objet.

CHAPITRE PREMIER.

Manipulation du Miel.

§ I.

Miel vierge ou premier Miel.

Le miel qu'on récolte dans les ruches françaises n'est pas seulement frais et emmagasiné dans une cire pure où rien n'en altère la qualité; mais de plus on le récolte dans un temps où la chaleur de l'atmosphère permet de l'extraire très-facilement des rayons qui le contiennent.

Pour opérer cette extraction, il est nécessaire qu'on soit pourvu de baquets ou seaux, et de tamis de crin, moins larges que les seaux de quelques centimètres. Ces tamis sont traversés intérieurement de deux ou trois baguettes placées parallèlement au fond, dont elles sont distantes de 5 à 6 centimètres, et assez longues pour que leurs extrémités débordent les tamis de 8 centimètres. Ces baguettes servent à soutenir les rayons dans les tamis, et leurs extrémités saillantes supportent les tamis sur les seaux. Au lieu de tamis, on peut se servir de corbeilles d'osier.

On ôte des étages les rayons de miel, en évitant de racler la couche de propolis qui les tenait attachés au plancher, et en ayant soin d'y laisser les petits rayons qui ne contiennent point de miel (1): on passe une lame de couteau bien mince sur les deux côtés des rayons, pour enlever les petits téguments de cire qui couvrent les alvéoles remplis de miel, et on met ces rayons dans les tamis placés sur les seaux ou baquets. On couvre cet appareil d'un linge pour le préserver des abeilles, et on le porte au soleil ; le lendemain on retourne les rayons, et on les expose de nouveau au soleil. La chaleur liquéfie le miel ; il coule des alvéoles et tombe dans les seaux à travers les tamis, qui le dépouillent des particules de cire qu'il pourrait entraîner avec lui.

On extrait ainsi, sans chaleur artificielle et sans pression, les six septièmes environ du miel que contiennent les rayons ; et ce miel non altéré, diaphane et dépourvu de toute matière hétérogène, est ce qu'on nomme *miel-vierge*.

Ce miel est envasé dans des pots vernissés ou

---

(1) Cette attention a pour effet d'exciter singulièrement au travail les abeilles à qui on donne des étages où il y a ainsi un commencement d'ouvrage. On garantit ces étages des œufs de fausses-teignes, en les mettant dans un lieu fermé jusqu'à ce qu'on trouve l'occasion de les placer sur quelques ruches.

dans des petits barils de bois, et déposé dans un lieu frais et sec, où il se durcit et peut se conserver plusieurs années sans altération. On conserverait de même le miel en rayons.

Si on veut donner au miel l'arôme de quelque fleur ou plante odoriférante, on parsème le tamis d'une poignée des feuilles de la plante ou de la fleur dont le parfum est préféré, avant d'y placer les rayons; et on fait ainsi du miel musqué, à la fleur d'oranger, à la rose, au jasmin, etc.

§ II.

Miel pressé ou second miel.

Si on avait beaucoup de ruches, il faudrait, de toute nécessité, se munir d'un petit pressoir, tant pour extraire les deuxième et troisième miel, que pour préparer la cire; mais si on n'en a qu'une petite quantité, on peut employer le moyen suivant :

On ôte les rayons des tamis lorsqu'ils cessent d'égoutter; on les met dans un sac de toile forte et claire, dont le fond est pointu; on lie ce sac, et on l'attache à une bonne corde, qui est fixée au plancher, de quelque façon solide, et qui est assez longue pour que la pointe du sac ne soit qu'à 66 centimètres environ de terre; on place un seau dessous, et deux personnes pressent le sac entre deux gros bâtons polis, qu'elles tiennent par les deux extrémités, en les glissant du dessus du sac à la pointe, dans tous les sens, jusqu'à ce que le miel ne dégoutte plus.

Ce second miel, qui n'a point la transparence du premier, et qui n'est pas, à beaucoup près, aussi exquis, est encore fort bon; il s'envase et se conserve de même.

§ III.

Miel cuit ou troisième Miel.

On retire du sac le marc des rayons ainsi pressés avec les bâtons ou le pressoir; on l'émie dans une petite quantité d'eau tiède, dans laquelle on le laisse baigner quelques minutes; on le remet dans le sac avec cette eau, et on le passe de nouveau par la presse ou par les bâtons.

Ce troisième miel mélangé d'eau n'a pas de consistance; mais on la lui donne en le faisant bouillir sur un feu doux, pour évaporer l'eau qui le tient en dissolution. Ce miel est celui dont on se sert pour nourrir les abeilles, ou en le leur donnant pur, ou en y ajoutant du moût de raisin avec un peu de sel, et faisant bouillir le mélange jusqu'à consistance de sirop. Au lieu de réduire en miel ce second pressis, on peut en faire un hydromel commun, si on en a une certaine quantité.

§ IV.

Hydromel commun.

On met dans une chaudière le liquide provenant de la seconde pression du marc des rayons, ainsi que l'eau tiède avec laquelle on a lavé tous les ustensiles employés à l'extraction du miel. On fait bouillir cette eau miellée sur un feu doux et en l'écumant, jusqu'à réduction d'un quart au moins. On la passe par un linge ou par un tamis, et on l'entonne dans un baril débondonné, placé dans un lieu chaud, pour exciter la fermentation. Ce qui reste, après le baril rempli, se met dans des bouteilles aussi débouchées, qu'on dépose au même endroit.

La fermentation s'établit bientôt; on peut même l'exciter en ajoutant un peu de levure de bière, fraîche et lavée; et, à mesure que la liqueur diminue dans le baril, on le remplit avec celle des bouteilles. Quand la fermentation se calme, on pose le bondon légèrement sur la bonde, et on l'enfonce peu à peu, tous les jours, sans discontinuer de remplir le baril. On le descend à la cave, où sa confection s'achève, et trois mois après on peut commencer à le boire.

§ V.

Vin de miel ou Hydromel vineux.

Cet hydromel se fait comme le précédent, avec cette seule différence, qu'au lieu d'eau miellée, on prend une partie de miel pur ou épuré, qu'on étend dans quatre parties d'eau; et on fait bouillir le mélange en l'écumant, jusqu'à réduction d'un tiers. On entonne les deux tiers de la liqueur dans un baril débondonné, et le reste dans des bouteilles débouchées; puis on achève comme dans le paragraphe précédent.

Cet hydromel, mis en bouteilles au mois de mars, mousse comme du vin de Champagne.

On fait encore un hydromel vineux fort agréable, en mélant 10 kilogrammes de miel purifié ou sirop de miel avec dix litres de vin blanc et deux litres d'alcohol franc de goût, et mettant le tout dans des bouteilles cachetées.

§ VI.

Eau-de-vie de Miel.

Lorsqu'on a un alambic, au lieu de faire bouillir l'eau miellée provenue de la seconde pression du marc, pour en faire de l'hydromel, on peut la laisser fermenter cinq à six semaines au soleil ou dans un lieu chaud, avec l'attention de la couvrir pour la garantir des abeilles; après quoi on en obtient, par distillation, une sorte de *tafia* très-spiritueux.

§ VII.

Purification du Miel, ou Sirop de Miel.

Les moyens tentés jusqu'ici pour convertir le miel en sucre cristallisé, n'ont encore donné que des résultats imparfaits, plus propres à satisfaire la curiosité des chimistes qu'à servir dans les ménages; l'économie domestique se trouve donc réduite à suppléer au sucre de canne par le miel, en l'employant sans préparation lorsqu'il est pur, et après l'avoir purifié s'il est impur ou pressé.

Voici comment se fait cette purification :

On verse 10 kilogrammes de miel impur dans une chaudière avec 5 litres d'eau; on agite et l'on chauffe promptement le mélange jusqu'à l'ébullition. On y projette alors 1 kilogramme de charbon animal préalablement traité par l'acide chlorhydrique; on délaie avec soin, et, après deux minutes d'ébullition, on ajoute encore 2 hectogrammes de charbon végétal en poudre grossière, et on agite fortement pendant une ou deux minutes. On a préparé d'avance 1 hectogramme de blancs d'œufs avec leurs coquilles, fouettés dans un litre d'eau;

on les jette alors dans la chaudière, et on agite très-vivement le tout; puis on retourne complètement la masse par quatre ou cinq secousses imprimées du fond de la chaudière à l'aide d'un râble en bois qu'on enlève aussitôt.

Dès que l'ébullition se manifeste, le mélange est jeté sur un filtre de laine. Le premier liquide, qui passe ordinairement trouble, est reçu à part et rejeté sur le filtre.

Le produit de la filtration, s'il n'est pas employé immédiatement à des usages domestiques, est concentré dans une chaudière plate par une évaporation vive et rapide. L'opération est d'autant plus parfaite que le miel est resté moins long-temps en contact avec le feu.

Le sirop ainsi obtenu, parfaitement pur et dépouillé de l'arôme du miel, peut remplacer le sucre dans la fabrication des confitures, compotes, gelées et liqueurs communes, de même que dans tous les usages domestiques.

CHAPITRE II.

Préparation de la Cire.

Lorsqu'on a extrait des rayons tout le miel qu'ils contenaient, on met le marc dans une chaudière remplie d'un tiers d'eau et placée sur un feu clair. Dès que la cire est fondue et qu'elle commence à bouillir, on la verse dans le coffre du pressoir garni de ses toiles, et l'on presse ; ou, si on n'a pas de pressoir, on la verse dans le sac pointu pour la soumettre à la pression des deux bâtons. On reçoit la cire dans des baquets où on a mis un peu d'eau.

Si on croit qu'il soit resté de la cire dans le marc, on l'en extrait en le faisant fondre et le pressant de nouveau.

Au lieu d'extraire la cire par pression, on peut la mettre dans un sac de canevas serré, qu'on place au fond d'une chaudière ; on assujettit le sac dans cette position par un ou plusieurs poids ; on verse de l'eau par-dessus, jusqu'à ce que les poids soient recouverts, puis on fait bouillir. A mesure que la cire fond, elle surnage à la surface de l'eau, où on la ramasse avec une cuiller à ragoût, ou bien on la laisse se refroidir et se figer.

Dans tous les cas, la cire ainsi purifiée d'un marc hétérogène par une première opération, se remet dans une chaudière avec un peu d'eau ; et quand elle commence à bouillir, on la verse dans des moules de terre ou de fer-blanc pour en former des pains.

CHAPITRE III.

Avantages qu'on peut retirer de la Culture des Abeilles.

La culture des abeilles a, dans tous les temps, excité l'intérêt des agronomes : le grand nombre d'ouvrages écrits sur la matière le prouve. Tour-à-tour les naturalistes et les cultivateurs ont pris la plume pour nous instruire et pour nous guider, et cependant la pratique est encore à son enfance dans presque toutes les campagnes.

Cette branche d'économie rurale, qui procure à l'homme des champs les jouissances les plus douces, n'exige que de très-modiques avances. Point de bergeries à construire, de fourrages à acheter à grands frais, de vastes parcours à affermer : un logement sain et propre, quelques soins plus récréatifs que pénibles, voilà tout ce qu'il faut ; la diligence des abeilles fait le reste.

Et ce n'est pas ici un simple objet d'agrément : outre le plaisir qu'il goûte au milieu de ses abeilles, le cultivateur y trouve un produit assuré et important. Un calcul présenté sur des bases modérées, va donner une idée du bénéfice qu'on peut en retirer dans un canton qui serait favorable sans être excellent.

Je suppose qu'on commence une exploitation d'abeilles par six essaims achetés au mois de mai. Je porte leur prix à six francs chacun; celui d'une ruche française, y compris le siége et le surtout, à la même somme. J'évalue le produit des essaims naturels, dans un bon canton, à trois kilogrammes de miel, les uns dans les autres; celui des mères ruches, et des essaims artificiels aussi productifs qu'elles, à six kilogrammes, quoiqu'un canton excellent pourrait rendre le double. Je suppose qu'on n'extraie qu'un essaim de chaque ruche, afin d'avoir de meilleures récoltes, et quelquefois un essaim secondaire des essaims très-forts, obtenus de bonne heure, afin de remplacer les pertes fortuites, et de maintenir le doublement des ruches qu'on doit attendre chaque année de l'essaimage. J'estime deux fr. le kilogramme de miel récolté dans la ruche française. Je compte un hectogramme de cire dans une récolte de trois kilogrammes de miel. J'évalue la cire à trente centimes l'hectogramme; et voici mon calcul:

TABLEAU
DES DÉPENSES ET PRODUITS.

PREMIÈRE ANNÉE.

DÉPENSE.

6 essaims du mois de mai, à 6 fr. chacun, 36 fr.
6 ruches françaises pour les loger, à 6 fr., 36

Total......... 72

PRODUIT.

18 kilogr. de miel à 2 fr. le kilogr. .... 36 f. » c.
6 hectogr. de cire en provenant, à 30 c.   1   80
12 hectog. de cire récoltée à l'entrée de
l'hiver....................... 3   60

Total.......... 41   40
Dépenses........ 72   »
Reste d'avance. . 30   60

DEUXIÈME ANNÉE.

DÉPENSE.

Reste d'avance de l'année précédente. . 30 f. 60 c.
Six ruches françaises pour six essaims. 36   »

Total..... 66   60

PRODUIT.

On aura douze ruches, qui donneront :

72 kilogr. de miel à 2 francs........ 144 f.　» c.

24 hectogr. de cire en provenant. ...　　7　20

24 hectog. de cire récoltée à l'entrée

　　　de l'hiver.................　　7　20

　　　　　　　　　Total....... 158　40

　　　　　　　　　Dépense. ...　66　60

　　　　　　　　　Produit net. .　91　80

TROISIÈME ANNÉE.

DÉPENSE.

12 Ruches pour les essaims........　72　　»

PRODUIT.

On aura vingt-quatre ruches, qui donneront :

144 kilogr. de miel.............. 288 f.　» c.

48 hectogr. de cire en provenant...　14　40

48 hectog. de cire récoltée à l'entrée

　　　de l'hiver..................　14　40

　　　　　　　　　Total....... 316　80

　　　　　　　　　Dépense. ...　72　　»

　　　　　　　　　Produit net. . 244　80

QUATRIÈME ANNÉE.

DÉPENSE.

24 Ruches pour les essaims............ 144 fr.

PRODUIT.

On aura quarante-huit ruches, qui donneront :

288 kilogr. de miel. . . . . 576 f.   » c.

96 hectogr. de cire en provenant. . .   28   80

96 hectog. de cire récoltée à l'entrée
    de l'hiver.   28   80

       Total. 633   60

       Dépense. . . . 144   »

       Produit net. . 489   60

Telle est cependant la gradation des produits qu'on peut obtenir par une avance de 72 fr. qui, à la quatrième année, aura produit un fonds de près de 500 fr. et un revenu annuel presque égal au capital. Je n'exagère point ; et la culture des abeilles fournit dans les campagnes plusieurs exemples de produits qui dépassent de beaucoup ceux de mon calcul hypothétique. M. *Lombard*, dont le canton n'est pas des plus favorables, a tenu des notes desquelles il résulte que le produit moyen de chacune de ses ruches excède vingt francs par an.

Ce n'est pas que cette progression croissante de capitaux et de revenus que procure la culture des abeilles, puisse se prolonger à l'infini : quand on a suffisamment garni de ruches les alentours de son habitation, on peut en transporter dans le voisinage ; et si on manque de propriétés, on les place à cheptel. Enfin, quand on n'a plus la possibilité de les multiplier, on vend les essaims, ou bien on n'en extrait plus que pour suppléer aux pertes ; et on empêche leur sortie naturelle par des récoltes hâtives et multipliées qui font gagner en miel ce qu'on perd en essaims. Non-seulement alors les produits sont augmentés par l'abondance des récoltes, mais en outre la dépense devient nulle, en ce qu'on n'a plus besoin d'acheter de nouvelles ruches.

La facilité qu'offre une exploitation d'abeilles, la commodité de l'associer à toute autre exploitation rurale, le peu de temps qu'elle emploie lorsqu'on procède d'après une bonne méthode, la modicité des avances et des ressources qu'elle exige de la part de ceux qui s'y livrent, les plaisirs dont elle compense les soins qu'on y donne, la certitude et l'importance de ses produits, devraient faire multiplier les ruches sur le sol fertile de la France. Aujourd'hui que l'agriculture y est honorée, que des savants l'enseignent et la pratiquent, que des sociétés illustres y consacrent leurs travaux, que le Gouvernement la protège, et que par conséquent tout concourt à l'améliorer ; la culture des abeilles, encouragée aussi par la valeur de ses produits obtenus presque sans frais, et éclairée soit par les progrès qu'a faits l'histoire naturelle de ces intéressants insectes, soit par plusieurs bons traités d'enseignement pratique, devrait se ressentir de cette heureuse impulsion ; et ses progrès, ra-

lentis par les essais infructueux d'un grand nombre de méthodes défectueuses, devraient reprendre
un nouvel élan dans les campagnes, où elle était
devenue, il y a quelques années, un art à la mode.

Puisse cet enthousiasme renaître, et conduire
enfin à sa perfection cette branche intéressante
de l'économie rurale, qui sera toujours pour le
naturaliste un champ inépuisable d'observations,
qui procurera de l'aisance au pauvre, et dans laquelle le spéculateur, en multipliant les établis-
sements, peut s'assurer des profits importants.

Mais c'est au choix d'une bonne méthode, que
sont attachés tous les avantages de cette culture.
La ruche française, ou la prévention d'auteur
m'aveugle, est très-propre à établir une bonne culture d'abeilles. Elle assure la conservation des ruches par le renouvellement de la cire, leur multiplication par sa commodité à former des essaims
artificiels, et leur produit annuel par la facilité
de sa récolte et par la pureté du miel qu'on en
retire.

Objectera-t-on qu'elle est coûteuse? Elle l'est,
j'en conviens; mais cette dépense, rentrée dès la
première année par les produits qu'elle assure,
sera faite pour plus d'un demi-siècle, pendant lequel on retirera annuellement une rente excédant
le double de la dépense primitive.

Objectera-t-on la complication de sa forme?
Elle est composée de parties simples et toutes uni-

formes : quatre étages parfaitement semblables forment une ruche dont le dessus est fermé par une planche qui lui sert de couverture.

Objectera-t-on la difficulté de son usage? Rien n'est plus simple encore :

On reçoit l'essaim dans trois étages, sur lesquels on en place un quatrième quand ils sont pleins.

Toutes les fois que le quatrième étage est plein, on l'enlève.

A l'entrée de chaque hiver, on enlève l'étage inférieur.

A la sortie de chaque hiver, on replace un étage vide sur la ruche.

Pour faire un essaim, on enlève, six ou huit jours après l'apparition des mâles, et à toute heure de la journée, les deux étages inférieurs qu'on a frappés légèrement pour y attirer la reine, et on laisse en place les deux étages supérieurs.

Voilà en substance toute la pratique de cette ruche ; et ces seuls préceptes, rigoureusement observés, peuvent suffire pour en tirer les plus grands avantages. La majeure partie des gens de la campagne n'a pas besoin d'en savoir davantage.

APPENDICE.

LÉGISLATION CONCERNANT LES ABEILLES.

Les jurisconsultes Romains regardaient les abeilles comme sauvages de leur nature, et ne les considéraient comme propriété de l'homme qu'autant qu'il les avait placées dans une ruche. C'est par cette raison que les abeilles qui s'étaient établies d'elles-mêmes dans des creux de mur, de rocher ou d'arbre, et sur lesquelles personne n'avait encore fait acte d'occupation, étaient susceptibles de devenir la propriété du premier occupant. Tant que le propriétaire du mur, de l'arbre ou du rocher n'avait pas exercé quelque acte de prise de possession à l'égard des abeilles qui y étaient logées, elles n'étaient pas présumées lui appartenir, pas plus que les oiseaux qui y auraient fait leurs nids; et le premier venu pouvait s'en emparer, ainsi que de leur miel, sans commettre un vol : *Apium quoque natura fera est. Itaque quæ in arbore nostra consederint, antequam a nobis in alveo concludantur, non magis nostræ esse intelliguntur quam volucres quæ in nostra arbore nidum fecerint. Ideo si alius eas incluserit, earum dominus erit. Favos quoque si quos hæ fecerint, sine furto quilibet possidere potest.* (L. 5, § 2 et 3 ff. *de acquir. Rerum Dom.*)

Mais comme l'occupation était chez les Romains un moyen d'acquérir la propriété des choses qui n'appartiennent à personne (1), il en résultait que dès l'instant que le propriétaire de l'arbre ou du rocher avait fait acte démonstratif d'occupation, les abeilles étaient devenues sa propriété, et personne ne pouvait s'en emparer sans se rendre coupable de vol. Par exemple, s'il avait fait à l'arbre ou au rocher dans lequel elles étaient logées, quelque ouvrage qui facilitât leur travail ou qui donnât de l'aisance pour la récolte, il avait annoncé par-là même qu'il s'en emparait, elles étaient considérées comme *a domino alveo conclusæ*. De même, si, sans avoir fait aucun ouvrage qui annonçât un fait d'occupation, il s'opposait à ce qu'elles fussent enlevées par quelqu'un qui s'y disposait, il faisait en cela acte de premier occupant; et celui qui s'apprêtait à les prendre, ne pouvait plus le faire au mépris de cette défense, sans se rendre coupable de vol. C'est ce que veulent dire ces termes des Instit., § 14, *de acq. Rer. Dom.* : *Si prævideris ingredientem fundum tuum, poteris eum jure prohibere ne ingrediatur.*

Par la même raison, si elles avaient été enlevées sans opposition de la part du propriétaire de l'ar-

---

(1) *Quod nullius est, id naturali ratione occupanti conceditur.* (L. 3 ff. de acq. Rer. Dom.)

hre ou du rocher, que ce fût à son insu ou non, une fois l'enlèvement consommé, il ne pouvait plus les revendiquer; il n'avait qu'une action en dommages-intérêts pour les dégradations causées par l'enlèvement.

Nos principes sont tout-à-fait différents du droit romain sur ce point. Chez nous, les abeilles appartiennent au propriétaire du terrain sur lequel elles sont logées, lors même qu'elles y seraient venues spontanément, et qu'il n'aurait rien fait pour manifester l'intention de se les approprier: elles sont censées faire partie du fonds par droit d'*accession*, et celui qui les prendrait, quoique le propriétaire semblât les abandonner, commettrait un véritable vol.

Cette différence de principes qu'on retrouve dans les plus anciennes ordonnances du royaume, vient de la grande faveur dont jouissaient les abeilles sous les premières races de nos rois avant la découverte du sucre de canne, et de cette sorte de vénération dont elles étaient alors comme environnées, puisqu'elles n'étaient pas comptées dans la classe des insectes sauvages.

Cette faveur était telle chez les anciens Francs, que la loi salique punissait le vol d'une ruche beaucoup plus sévèrement que celui des animaux domestiques. Il en coûtait plus pour avoir volé une ruche que pour avoir attaqué et grièvement blessé un homme; et l'amende imposée à ce vol était presque aussi forte que celle imposée à un assassin pour racheter son crime.

Ainsi, le vol d'une ruche était puni d'une amende
de 1800 deniers (45 sous), sans comprendre la
restitution du prix de la ruche (1); tandis que le
vol d'une vache ou d'un bœuf n'était puni que de
1400 deniers (35 sous) [2], et qu'une blessure grave
faite à la tête avec effusion de sang ou brisement
des os était punie de 600 ou 1200 deniers (3).

Chez nous, de même que chez les Romains,
l'essaim qui part d'une ruche, et qui en est comme
le fruit, appartient au propriétaire de la ruche,
tant qu'il le suit et qu'il conserve l'espoir de l'atteindre.

Toute notre législation actuelle sur cette matière se trouve dans les dispositions de l'art. 5 du
tit. 1er, sect. 3, de la loi du 28 septembre 1791,
ainsi conçués : *Le propriétaire d'un essaim a le
droit de le réclamer, et de s'en* RESSAISIR *tant
qu'il n'a pas cessé de le suivre ; autrement, il appartient au propriétaire du terrain sur lequel il
s'est* FIXÉ.

Il suit des termes de cette loi, que nul autre
que le maître de la ruche qui a produit l'essaim,

---

(1) Lib. Legis salicæ, tit. 9, §§ 1, 2, 3 et 4.
(2) Ibid., tit. 3, §§ 5 et 6.
(3) Ibid., tit. 19, §§ 2 et 3.

n'a le droit de le cueillir sur le terrain d'autrui, pourvu qu'il l'ait constamment suivi : autrement, l'essaim devient, par droit d'*accession*, la propriété même de celui sur le terrain de qui il s'est *fixé*, et personne ne peut s'en emparer sans se rendre coupable de vol. En cela notre législation diffère encore du droit romain, qui voulait que, quand un essaim n'avait pas été suivi par celui à qui il appartenait, le propriétaire du lieu où il s'était réfugié n'y eût pas plus de droit que tout autre ; l'essaim étant considéré alors comme redevenu sauvage, et, comme tel, susceptible d'appartenir au premier occupant, suivant le § 4 de la loi du ff. déjà citée : *Examen quod ex alveo nostro evolaverit, eo usque nostrum intelligitur, donec in conspectu nostro est, nec difficilis ejus persecutio est. Alioquin occupantis fit.*

Ce n'est pas qu'en France aussi, dans certains cas, le premier occupant ne puisse prendre un essaim sur le terrain d'autrui, comme nous le dirons plus bas ; mais il faut : 1° que l'essaim soit abandonné de son maître ; 2° qu'il soit simplement groupé pour prendre du repos, et non établi à demeure ; 3° que le propriétaire du terrain n'en empêche pas la prise.

Quoi qu'il en soit, il résulte des textes cités plus haut, notamment de la loi du 28 septembre 1791, que le propriétaire qui suit son essaim a le droit de le prendre en quelque lieu qu'il se fixe, en payant toutefois le dommage qu'il peut causer.

Mais il se présente une question : si un essaim poursuivi par son maître se retire dans une ruche déjà peuplée, appartenant à son voisin, que décidera-t-on? Cette ruche appartiendra-t-elle en commun aux deux propriétaires des essaims? Le propriétaire de la ruche dans laquelle est entré l'essaim poursuivi devra-t-il une indemnité à l'autre? ou l'essaim lui sera-t-il adjugé sans indemnité?

On pourrait dire, en se fondant sur les dispositions des art. 573, 574, 575 et 576 du Code civil, que la ruche, se trouvant composée de deux parties appartenant à deux propriétaires différents, est devenue entre eux propriété commune; ou que si l'on considère la ruche qui était déjà peuplée comme partie principale, cette partie s'étant accrue d'abeilles appartenant à un autre, celui-ci a droit à une indemnité contre le propriétaire de la ruche dans laquelle s'est opéré le mélange.

Néanmoins, il paraît plus conforme aux principes et à la nature des choses de décider que l'essaim appartiendra en entier et sans indemnité au propriétaire de la ruche où il s'est réfugié.

Du côté des principes, nous avons vu que la loi romaine ne conservait au propriétaire de l'essaim son droit de propriété, qu'autant que la prise de l'essaim n'était pas impossible, *nec difficilis ejus persecutio est ;* et que la loi du 28 septembre 1791 elle-même, en protégeant la propriété du maitre de l'essaim ; présuppose la possibilité de le *ressaisir*. Or, dans le cas proposé, la prise de l'essaim est impraticable après un semblable mélange.

Si l'on consulte la nature des choses, on voit que le propriétaire de la ruche ne retire point d'avantage de ce mélange, auquel sa volonté, d'ailleurs, n'a pris aucune part qui puisse le rendre garant envers celui qui en souffre. Ces réunions d'abeilles n'ont jamais lieu sans des combats meurtriers qui en détruisent un grand nombre de part et d'autre ; en sorte que la population de la ruche n'y gagne guère. D'un autre côté, un essaim n'est rien que par la reine qui le conduit, et l'on sait que dans ces amalgames d'essaims, il ne reste jamais qu'une reine, et que les autres sont massacrées ; de sorte qu'il est vrai de dire que la ruche ne gagne rien ou presque rien en recevant cet essaim étranger.

Les articles cités du Code civil qui paraissent contraires à cette opinion, disposent, pour le cas où le mélange de deux matières forme un tout d'une valeur supérieure à l'une et à l'autre prises isolément, par exemple si un marc d'or a été fondu avec un marc d'argent ; mais non pour le cas où la matière principale n'a subi aucune augmentation de prix par l'addition d'une autre matière ; et puisque l'art. 565 du Code abandonne la solution des questions de cette nature *aux lumières de l'équité naturelle*, l'équité commande ici d'adjuger au propriétaire de la ruche déjà habitée par des abeilles, l'essaim étranger qui est venu s'y réfugier.

Il en serait autrement si la ruche dans laquelle l'essaim s'est retiré était vide. En ce cas, le propriétaire qui était à la suite de son essaim aurait le droit de le prendre et de le faire passer dans sa ruche.

Autre question : Celui qui trouve dans les airs un essaim abandonné, et qui se met à le poursuivre, jouira-t-il du droit de le cueillir quand il sera arrêté sur le terrain d'autrui, comme le ferait le propriétaire de la ruche d'où il est sorti ?

On peut dire en sa faveur que l'essaim, n'étant pas suivi et n'étant fixé sur aucune propriété, n'appartient alors à personne, et se trouve dans la classe des objets qui sont au premier qui s'en empare ; que se mettre à la poursuite de cet essaim, c'est faire un acte de prise de possession attributif de la propriété, et que dès-lors, étant devenu par-là propriétaire de l'essaim, il a le droit de le prendre sur le terrain d'autrui où il s'est fixé, comme l'aurait le propriétaire de la ruche d'où il est sorti, et qui l'aurait suivi.

Mais on répondra avec la loi, que l'essaim devient toujours la propriété de celui à qui appartient le terrain sur lequel il s'est installé, excepté dans le seul cas où il est suivi et réclamé par son véritable maître, celui de la ruche qui l'a produit ;

qu'ainsi la loi n'apportant qu'une seule exception à la règle qui attribue l'essaim au propriétaire du lieu où il s'est fixé, il est de toute rigueur de s'y tenir et de ne pas en introduire d'autres.

En second lieu, la loi indique assez que la poursuite d'un essaim n'est pas par elle-même un acte d'occupation et d'appréhension réelle, puisqu'elle dit que le propriétaire qui suit l'essaim pourra s'en *ressaisir*, ce qui explique clairement que le suivre n'est pas le saisir ou le détenir ; que dès-lors il ne serait point exact de prétendre que celui qui s'est mis à la suite d'un essaim a fait par-là prise de possession qui lui en ait donné la propriété, et qui lui ait acquis le droit de le réclamer chez autrui.

Ajoutons que, puisque le Code civil ne met plus l'*occupation* au nombre des moyens qui acquièrent la propriété, on ne pourrait attribuer aujourd'hui cet effet à une sorte d'*occupation* plus idéale que réelle ; et qu'il faut nécessairement adjuger l'essaim au propriétaire du terrain par droit d'*accession*, conformément à l'art. 546 du Code, qui porte : *La propriété d'une chose soit mobilière, soit immobilière, donne droit sur tout ce qu'elle produit, et sur ce qui s'y unit accessoirement, soit naturellement, soit artificiellement. Ce droit s'appelle* DROIT D'ACCESSION.

D'ailleurs, cette décision est conforme aux anciens règlements suivis en France sur cette matière, et qui ont servi de base aux dispositions de la loi du 28 septembre 1791.

L'ordonnance de S. Louis de 1270, chap. 145, dit en effet que celui qui réclame un essaim fixé sur le terrain d'autrui, doit jurer qu'il est sorti de ses ruches et qu'il l'a toujours suivi : *Il jurera seur sains de sa main que elles sont seües (siennes), et que elles issirent de son esscin à veüe et à seüe de luy et sans perdre la veüe jusques au lieu où il les a cüeillies, et par itant aura les és (abeilles), et rendra à l'autre la valüe du vaissel où il les a cüeillies.*

Bouthillier, dans sa *Somme Rurale*, tit. 35, s'exprime ainsi : *Saches que les mouches qui font le miel, qu'on appelle cleps... arrivées sur ta terre défendre les peux à tous à chasser sur ta terre, ainsi n'étoit que celui duquel lieu elles étoient parties les suivit à vue d'œil et à noise ou cry ou son notable, en démontrant clairement et évidemment que sans déportemens de la connoissance de luy et de sa garde se portent: car autrement en aurait-il perdu connoissance et seigneurie.*

Gardons-nous toutefois de donner à ces principes une extension trop absolue, et ne perdons pas de vue qu'ils ne doivent être consultés que quand il y a contestation à l'égard d'un essaim, entre le propriétaire du terrain sur lequel il s'est réfugié et un étranger qui se dispose à s'en emparer : car si un essaim abandonné, au lieu de s'établir dans le creux d'un arbre, se groupait simplement aux branches d'un arbre dans un champ éloigné, un passant qui le prendrait en l'absence et à l'insu du propriétaire du champ, ne pourrait être accusé de vol. L'essaim n'étant point *fixé*, et ne prenant sur cet arbre qu'un repos momentané, l'*accession* qui transporte la propriété de l'essaim au maître du fonds n'est, en ce cas, que passagère, ou, pour mieux dire, imparfaite et nulle, semblable à celle qu'opère le séjour du gibier dans un champ; et le premier venu qui s'en empare ne commet point un vol, à moins que le propriétaire du terrain ne soit là pour lui interdire l'entrée sur son fonds.

Ces distinctions que suggèrent l'équité, la raison et l'avantage même de la culture des abeilles, n'ont rien de contraire à l'article cité de la loi du 28 septembre 1791, qui adjuge la propriété de l'essaim *au propriétaire du terrain sur lequel il s'est fixé*. Cet article ne parle pas, en effet, d'un essaim seulement arrêté, mais d'un essaim *fixé*, c'est-à-dire établi à demeure.

Ainsi, règles générales :

1° L'essaim appartient au maître de la ruche qui l'a produit, pourvu que ce maître n'ait pas cessé de le suivre; et il peut le prendre partout où il s'arrête, à moins que l'essaim n'entre dans une ruche déjà habitée, cas auquel il le perd.

2° L'essaim abandonné qui s'arrête ou se groupe sur un fonds quelconque, sans s'y établir, peut être cueilli par le premier occupant, à moins que le propriétaire du fonds ne s'y oppose.

3° L'essaim abandonné qui s'établit et se fixe à demeure sur un terrain, appartient au maître du terrain, et celui qui le prend en son absence et sans son consentement se rend coupable de vol.

Puisque l'essaim appartient de droit au propriétaire du terrain sur lequel il est fixé, à moins qu'il ne soit suivi et réclamé par le maître de la ruche dont il est le fruit, il est sensible, et l'ordonnance de S. Louis le prescrit elle-même, que c'est à celui qui suit un essaim à prouver qu'il est sorti de sa ruche, pour avoir le droit de revendiquer au propriétaire du terrain sur lequel il est fixé.

Le juge doit se rendre facile sur les preuves qui établissent ce fait, attendu que le départ des essaims s'opère souvent hors la présence de témoins; et, à défaut de preuves positives, il doit admettre des présomptions graves, précises et concordantes. Par exemple, il doit prendre en considération que celui qui revendique l'essaim a des ruches, qu'on a vu l'essaim venir du côté de son rucher, qu'on l'a vu se mettre à sa poursuite, etc., etc.; on peut même, en certains cas, lui déférer le serment comme preuve supplétive.

Dans quelques provinces, avant la révolution, notamment dans le Lodunois et le Bourbonnais, l'essaim non poursuivi appartenait au seigneur par droit d'*épaves*.

Il existait aussi autrefois en France un droit féodal appelé *abeillage*, en vertu duquel le seigneur prélevait une certaine quantité de miel et de cire sur les ruches de ses vassaux; ce droit inique a été aboli avec les autres droits féodaux par les lois de la révolution.

Les ruches sont *immeubles par destination* (art. 524 du Code civil). C'était, dans l'ancien droit, l'avis de Chopin et de Lebrun; et ils se fondaient, par induction, sur ce que les poissons qui sont dans un étang, faisant partie de l'étang qui les renferme, sont immeubles comme lui. Cette mauvaise raison d'analogie avait fait adopter un avis contraire à Pothier, dans son Traité de la Communauté. Si l'on donne, disait-il, aux poissons comme aux abeilles la qualité du vaisseau qui les contient, les poissons d'étang seront en effet immeubles; mais les abeilles, étant logées dans un vase qui est meuble, seront également meubles.

Quelques auteurs ont pensé que le Code réputait les abeilles immeubles, par la raison que, quoique n'ayant pas une assiette absolument fixe et permanente, elles n'étaient néanmoins susceptibles de déplacement qu'en certains temps de l'année, et qu'en cela elles participaient plutôt de la nature de l'immeuble que de celle du meuble.

Cette raison n'est point exacte : car il est facile de déplacer les abeilles en tous temps ; il y a même des pays où l'on est dans l'usage de les faire voyager en été, pour rendre leur travail plus productif. Aussi n'est-ce point le véritable motif qui a fait donner aux ruches la qualité d'immeubles. L'article 524 nous le donne, ce motif; c'est la *destination*. En effet, elles sont destinées à utiliser les fonds qui les environnent, en ce qu'elles extraient du suc des fleurs, et sans nuire à l'abondance des récoltes, une production précieuse qui, sans elles, serait absolument perdue; en sorte qu'on peut dire avec vérité qu'elles complètent l'exploitation des héritages auxquels elles sont attachées.

Il suit de là : 1° qu'on ne peut les saisir comme meubles ; 2° qu'elles sont comprises dans la vente pure et simple du fonds sur lequel elles sont placées, à moins qu'il n'y ait une clause expresse de réserve à leur égard ; 3° qu'elles sont susceptibles de saisie immobilière, en même temps que le fonds sur lequel elles sont établies.

FIN.

TABLE DES MATIÈRES.

TROISIÈME PARTIE.

FIN.

DIJON, IMPRIMERIE ET FONDERIE DE DOUILLIER.

ÉDUCATION

DES ABEILLES

ET

RUCHE FRANÇAISE

AVEC APPENDICE SUR LA LÉGISLATION CONCERNANT LES ABEILLES

PAR

J. VAREMBEY

PRÉSIDENT A LA COUR D'APPEL DE DIJON

DEUXIÈME ÉDITION

PARIS

LIBRAIRIE AGRICOLE DE LA MAISON RUSTIQUE

RUE JACOB, 26